# 造紙步驟

**1** 把紙原料剪碎後加水,再用人手或攪拌機攪成紙漿。

或

**2** 把紙漿倒進盤中,然後把網格板放進其中,讓紙漿平鋪網上。

**3** 拆去網格板及網框,再用壓水棒輕力滾過紙漿,壓出多餘水分。

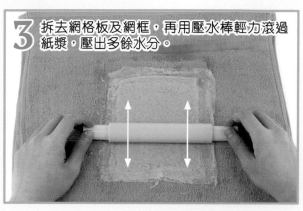

**4** 風乾約1天後,再造紙便製成!

## 不同材質的再造紙

**打印紙再造紙**（較潔白）

**報紙再造紙**（較柔軟）

**紙杯再造紙**（較堅挺）

## 趣味造紙法

**閃粉再造紙**

**乾燥花再造紙**

**花紋再造紙**

3

嗚，求你把我變回原形吧！

我以後會記得把用過的紙皮、報紙和紙盒放進藍色回收箱了。

紙盒不是放在藍色回收箱的！

不是所有廢紙都能放進藍色回收箱呢。

# 藍色回收箱可回收的廢紙

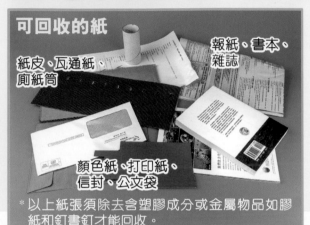

**可回收的紙**

紙皮、瓦通紙、廁紙筒

報紙、書本、雜誌

顏色紙、打印紙、信封、公文袋

\* 以上紙張須除去含塑膠成分或金屬物品如膠紙和釘書釘才能回收。

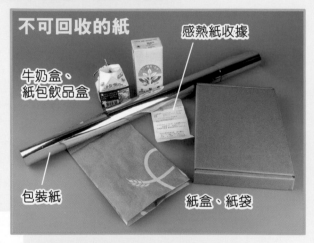

**不可回收的紙**

感熱紙收據

牛奶盒、紙包飲品盒

包裝紙

紙盒、紙袋

## 難以回收的紙製容器

紙製容器通常有數層塑膠和鋁質薄膜，回收時須將薄膜與紙分離，再分別歸類及處理。當中工序繁複，不能以一般廢紙的回收流程處理。就算成功回收，最終也只有六至七成的紙漿能再造成紙。

紙原料

塑膠

**一般紙盒約分作六層。**

**塑膠外層：**
防潮

**紙層：**
提供穩定性、強度和平滑度

**塑膠中層：**
接合紙層和鋁層

**鋁箔層：**
阻隔氧氣和光線，保存飲品的營養價值和風味

**塑膠內層（兩層）：**
防漏

## 香港首間紙盒回收廠：喵坊

那是香港惟一的紙包飲品盒回收廠及教育中心，每日最多可處理約 50 噸紙包飲品盒。今年雖一度因續租與選址問題而面臨停業的困境，但最近已另覓新址，能繼續回收紙盒！另外，喵坊也開放報名讓大眾入內參觀！

▲若想回收紙盒，可把它洗淨後，放到分佈各區的「綠在區區」回收站，該處便會送到喵坊再造成紙。

# 紙的再造原理

廢紙內含有豐富的紙纖維。這些纖維粗幼不一，重疊交織。經浸泡和攪拌後，便會在水中沖散，形成紙漿。但由於紙盒的紙纖維黏着塑膠薄膜，所以要先用工具把它分離出來。

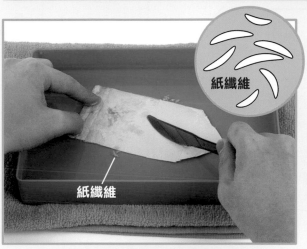

紙纖維

紙纖維

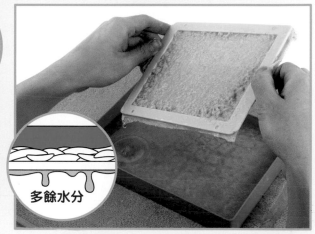

多餘水分

以網架隔起紙漿時，水會經過濾網的小孔排出，紙纖維則留在過濾網上，並重疊在一起。然後用壓水棒將紙漿多餘的水分壓出，使紙纖維排列更緊密。風乾後，再造紙便完成。

## 纖維的長度

紙的纖維越長，其強度越高。一般紙張如報紙所用的植物纖維長約 3 至 4 毫米，但日本和紙所用的構樹纖維卻長 9 毫米，使其堅韌柔軟。

此外，一般紙張的保存期亦受限於紙纖維和造紙方法，最多只能保留 50 至 100 年；但和紙的保存期卻可長達千年，至今仍毫無變形的跡象。

▲日本和紙的製作手藝被列為世界非物質文化遺產，上圖的是其中一種和紙 —— 杉原紙。

## 纖維排列的方向

日常生活中的紙製品由機器製造，故纖維通常朝同一方向排列。只要順着排列方向，就能輕易撕出直線，否則就會撕得歪歪斜斜。

*使用本教材所製的再造紙與其他手抄紙一樣，纖維排列時沒有固定方向。

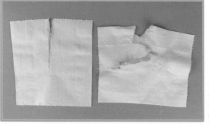

◀大部分廁紙的紙纖維排列方向都是與其長邊平行。

可是那麼辛苦地回收，最多只能再造成報紙之類的紙吧。

那不如直接丟進垃圾桶較方便呢！

才不是！再造紙廠能透過一系列工序，把廢紙變成各式各樣的紙啊！

# 再造紙的製作流程

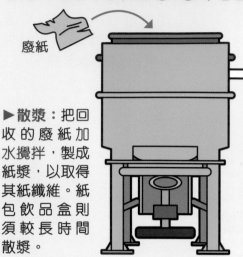

廢紙

▶散漿：把回收的廢紙加水攪拌，製成紙漿，以取得其紙纖維。紙包飲品盒則須較長時間散漿。

▶篩洗：過濾雜質，再以清水洗淨紙漿。文化用紙因用作書寫及印刷，會經多次篩洗，而工業用紙和報紙的篩選次數則相對較少。

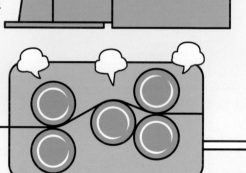

▲捲取：把烘乾後的紙捲成一大卷，再按需要裁切成不同大小，再造紙就完成了！

▲烘乾：經壓榨後的濕紙含水量仍高達50-70%，因此要以蒸汽使紙變得乾燥。

# 再造紙產品

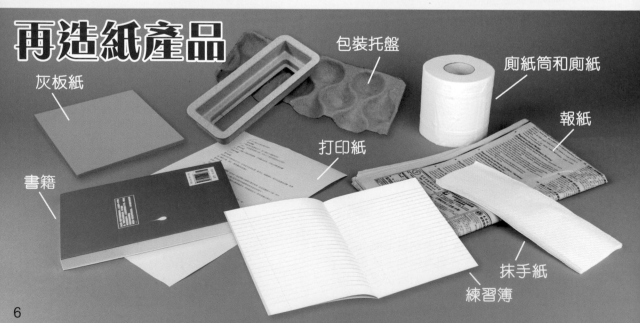

灰板紙

包裝托盤

廁紙筒和廁紙

打印紙

報紙

書籍

抹手紙

練習簿

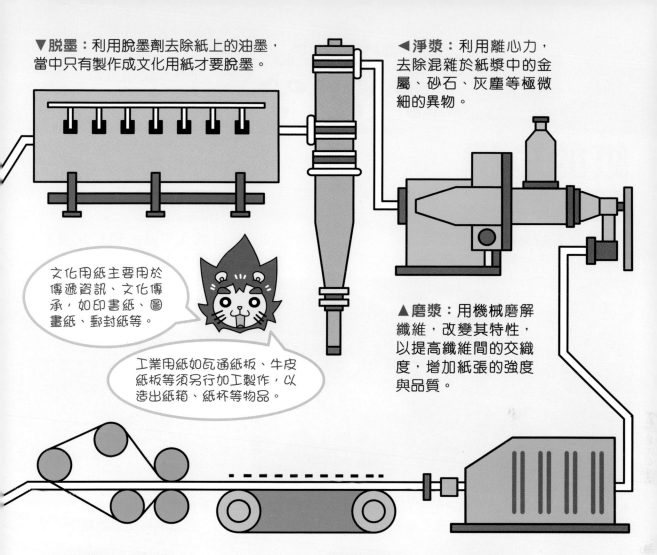

▼脫墨：利用脫墨劑去除紙上的油墨，當中只有製作成文化用紙才要脫墨。

◀淨漿：利用離心力，去除混雜於紙漿中的金屬、砂石、灰塵等極微細的異物。

文化用紙主要用於傳遞資訊、文化傳承，如印書紙、圖畫紙、郵封紙等。

工業用紙如瓦通紙板、牛皮紙板等須另行加工製作，以造出紙箱、紙杯等物品。

▲磨漿：用機械磨解纖維，改變其特性，以提高纖維間的交織度，增加紙張的強度與品質。

▲壓榨脫水：把濕紙引到2個附有毛巾的滾輪之間，以壓出多餘水分，並增強紙的密度及平滑度。

▲網部成形：把紙漿均勻地鋪在網部（內有形成板、刮水板、塑膠網等零件），以脫水形成紙層。

▲漿槽調成：按所回收廢紙的品質，在漿槽中調和比例，也可加入原木漿以增加紙的強韌度。

# 環保的造紙法？

　　製作再造紙有助減少砍伐樹木造紙，因而較木漿造紙環保。另外，原來利用植物索羅門昂天蓮作紙原料，亦同樣不須砍伐整棵樹木。因該樹能在一個月內生長70厘米，只要砍掉其枝葉來造紙原料即可，這樣能持續不斷地提供紙原料。

▲昂天蓮的花本是朝下，但會漸漸隨果實成熟而向上，再加上外形像蓮花，因而得名。

這項計劃仍在研究階段，仍須觀察若大量種植會否破壞生態平衡，但不管計劃能否成事，資源回收都有助保護環境呢！

原來回收廢紙那麼重要，我以後會好好地做了。

回收固然重要，但也別忘記妥善保養現存的紙張呢！

# 紙的危機

## 火燒

　　火是紙張的天敵，因紙是可燃物，一旦燒着便容易蔓延至其他書籍，釀成沖天大火。

▲ 2015 年，一座有百年歷史的俄羅斯圖書館失火，焚毀了約 15% 藏書，當中部分典籍甚至能追溯至公元 2 世紀。

## 蟲害

　　蠹魚（音：到）又稱衣魚或書蟲，身呈銀灰色，喜歡吃糖類或澱粉等碳水化合物，常出現於書脊，咬食當中的漿糊。牠們亦會吃紙，在書上蛀出一個個小洞。

▲蠹魚喜歡在溫暖潮濕的環境生活，通常藏身於小隙縫中。

## 受潮

　　當紙張沾到水再變乾後便會變得皺巴巴。這是因水開始蒸發時，表面張力使水分子靠攏在一起往上升，導致紙張受力不勻。風乾以後，紙纖維之間捲曲的排列固定下來，令紙凹凸不平。

紙

水分子

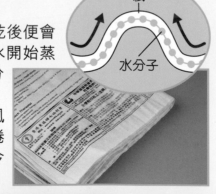

此外，當紙長期處於潮濕的環境，便易生霉菌，形成許多黃色的斑塊。

## 泛黃

　　紙纖維中含有木質素，它會跟氧氣產生化學作用。因此紙張放久了，便容易氧化變黃。而且木質素越多，紙便越容易氧化。此外，潮濕強光的環境、偏酸性的紙張添加物如螢光劑、染料等亦會加速氧化。

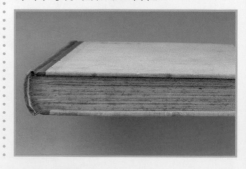

## 保存書本紙張的方法

　　良好的紙張保存環境須是低溫、低濕度，當中溫度和相對濕度最好低於攝氏 23°C 及 55%，並且遠離陽光，配以有濃烈氣味的香包防蟲。此外，木質書架可能會釋放傷害紙張的酸性物質，故該使用其他材質的書架。

低溫、低濕度
22℃
50%
遠離陽光
防蟲用
薰衣草香包
不用木製書架

## 古人的書本保養方法

　　古人保養書本也以防潮及防蟲蛀為本，只是方法與現代有差異。他們會定期把書本放到陽光下曬照，驅除濕氣。另外，他們亦在書旁放置帶香氣的植物如芸香草以防蟲，這令後世的人多以「書香世家」形容愛好讀書的人家。

看你誠心悔改，就把你變回原形吧。記住以後別再犯了！

謝謝紙神！

嘿！

啊，終於變回…

咦！我的下半身怎麼還是紙？

可能是法力不足，待一個星期後該完全變回原狀了。

其間別沾水啊。

那我不就無法洗澡？

動物 🐾🐾

環保生態協會
Eco Association

Ladybug 對人類來說是極具價值的益蟲呢！

我是捕食害蟲的專家，對可持續農業有很大貢獻啊！

# 七星瓢蟲 ladybug

七星瓢蟲 (Seven-Spotted Ladybug，學名：*Coccinella septempunctata*) 體型小巧，體重僅數十毫克。身長約5至8毫米，展開雙翼時約有12至15毫米。身體呈橙紅色，翅膀上有7個黑點，其中位於翅膀前方正中間的大而醒目。腿上有趾爪和刺毛，能在植物表面行走、攀爬，以及固定身體採集食物。

© 海豚哥哥 Thomas Tue

牠們廣泛分佈在北美洲、亞洲和歐洲等地區。主要以小型有害昆蟲為食，尤其愛吃蚜蟲，喜歡在花園、田野和草地上棲息，壽命估計可達數個月。

▲當七星瓢蟲感到受威脅時，會釋放一種帶有刺激性氣味的黃色液體，令掠食者卻步，從而保護自身安全。

© 海豚哥哥 Thomas Tue

◀七星瓢蟲能透過一種特殊的舞蹈來溝通及傳遞食物的位置和方向，十分聰明。

▶由於牠們會獵食對植物造成危害的蚜蟲，有助減少害蟲的數量，保護人類的農作物。農民也因此減少使用農藥，大大降低對環境的影響。

© 海豚哥哥 Thomas Tue

觀看海豚哥哥 YouTube 精彩片段，請瀏覽：youtube.com/@mr-dolphin

f 海豚哥哥 Thomas Tue

## 海豚哥哥簡介

自小喜愛大自然，於加拿大成長，曾穿越洛磯山脈深入岩洞和北極探險。從事環保教育超過 20 年，現任環保生態協會總幹事，致力保護中華白海豚，以提高自然保育意識為己任。

人們聽說美術蛙製作了一幅千變萬化的圖畫，其變化數目多達 46080 個！於是大家立即前往他家觀賞，不過……

創意

數學

製作難度：
★★☆☆☆

製作時間：
1.5 小時

這裏只有一幅畫啊。

嘿嘿，沒那麼簡單。

# 千變萬化組合畫

這是由 6 塊卡片重疊而成的組合畫。只要改變卡片次序和擺放方法，就能產生不同的組合！

正文社 YouTube 頻道

嘟一嘟在正文社 YouTube 頻道搜尋「#221DIY」觀看製作及遊玩過程！

# 製作步驟

⚠ 請在家長陪同下使用刀具及尖銳物品。

材料：白色硬卡紙　工具：剷刀、白膠漿（噴膠效果更佳）

**1** 把紙樣貼在硬卡紙上，然後剷出共 6 張圖案卡片。

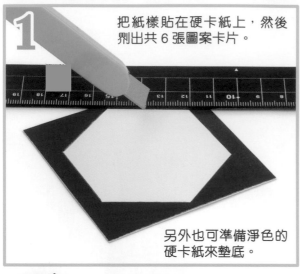

另外也可準備淨色的硬卡紙來墊底。

**2** 剪出托架紙樣，沿線屈摺及黏貼。

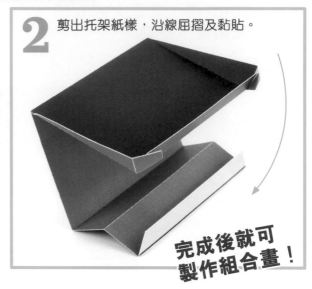

完成後就可製作組合畫！

更多圖案卡紙樣可供下載！
https://rightman.net/uploads/public/CSDownload/221DIY.pdf

# 組合數量真的這麼多？

你怎知道組合的數量？

一步步推算出來的。

　若要找出方法來計算 6 張卡片可產生的組合數量，可先把問題簡化，考慮只有 1 種卡片時能組合多少幅畫。

▶ 如果只有 1 種卡片，那就只有 1 種排列次序，毋須考慮先後次序。

▶ 此卡片有 2 種擺放方式：直放或橫放。

所以組合總數是：

$$1 \times 2 = 2 \text{ 個}$$

排列次序　擺放方式

---

▼ 若有 2 種卡片，就有 2 種排列次序：

   或

▼ 每種卡片都有 2 種擺放方式。

組合總數是：

$$(1 \times 2) \times (2 \times 2)$$

排列次序　　　擺放方式

每多 1 種卡片，就要多乘 2 一次。

$$= 2 \times 4 = 8$$

再考慮有 3 種卡片時的組合數目，然後嘗試找出當中的規律，就能找出計算組合數目的方法。

▼若有 3 種卡片，就有 6 種排列次序！

▼每種卡片各自有 2 種擺放方式。

組合總數是：

$$(1 \times 2 \times 3) \times (2 \times 2 \times 2)$$

排列次序　　　　　擺放方式

$$= 6 \times 8 = 48 \text{ 個}$$

不夠位置列出所有組合呀，怎麼辦？

算式已顯示排列次序數目及擺放方式數目的規律了，這樣直接計算 6 張卡片的組合數目即可！

|  | 排列次序 | 擺放方式 |
|---|---|---|
| 1 種卡片 | 1 | 2 |
| 2 種卡片 | 1×2 | 2×2 |
| 3 種卡片 | 1×2×3 | 2×2×2 |

看出兩者的規律了嗎？

# 紙樣

| ── 沿實線剪下 | - - - 沿虛線向內摺 | - - - 沿虛線向外摺 | ▢ 黏合處 |
|---|---|---|---|

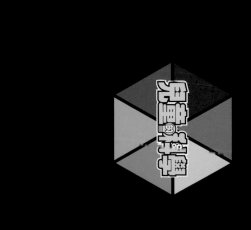

從前頁的規律可發現：

1. 若組合畫由 N 種卡片組成，卡片排列次序數目的計算方法就是由 1 開始不斷乘以下一個正整數，直至乘以 N 為止。
2. 卡片的擺放方式數目就是將 N 個 2 相乘。
3. 卡片可組成的組合，就是將排列次序數目及擺放方式數目相乘。

那 6 種卡片可產生多少個組合就可這樣計算！

這只是數學上排列卡片的方法總數，有些組合看起來會是一樣的。

6 種卡片的排列次序數目　　　　　　擺放方式數目

$$(1 \times 2 \times 3 \times 4 \times 5 \times 6) \times (2 \times 2 \times 2 \times 2 \times 2 \times 2)$$
$$= 720 \times 64$$
$$= 46080 \text{ 個}$$

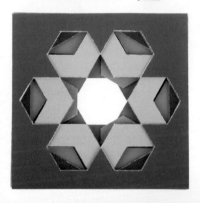

另外也可在卡片另一面填上其他顏色，變化就會更多呢！

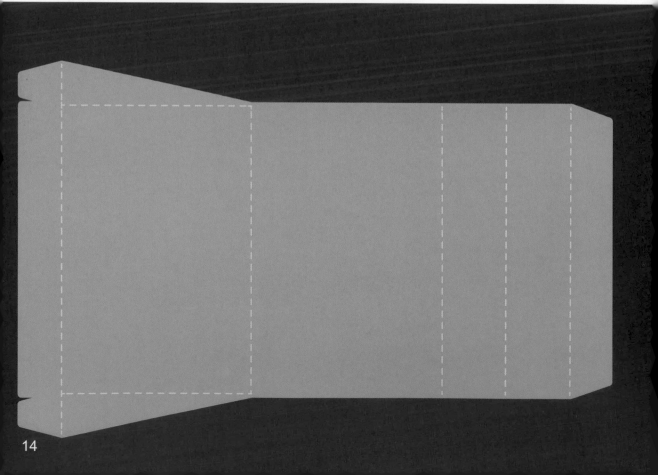

生活　光學

實驗室突然停電了，萊萊鳥、居兔夫人和伏特犬因而無法工作。百無聊賴下，蝸利略老師打算就地取材，在黑暗的環境中做光影實驗。

光和影子總是一起出現呢。

它們是最好的拍檔！

# 光影「拍檔」

五彩斑斕的光影

影子「花朵」

⚠ 切勿用蠟燭、打火機等危險物品作為光源。　實驗時注意清空周圍環境，避免在黑暗中摔倒。

# 五彩斑斕的光影

用具：透明玻璃杯 1 個、不透明杯子 1 個、樽裝水 1 瓶、白色硬紙板、電筒 1 個
材料：水、食用色素

**1** 在不透明的杯子及透明杯子中各倒入大半杯水。

**2** 在透明的杯子中滴入 2 至 3 滴藍色食用色素，然後攪拌均勻。

**3** 並排放置兩個杯子，在距離杯子約 6cm 處放置樽裝水，將白色紙板豎直依靠在樽裝水邊。

**4**

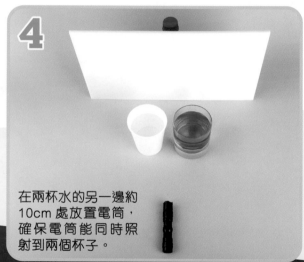

在兩杯水的另一邊約 10cm 處放置電筒，確保電筒能同時照射到兩個杯子。

**5** 關燈，打開電筒，觀察白紙板上映照的光影。

# 光的穿透力

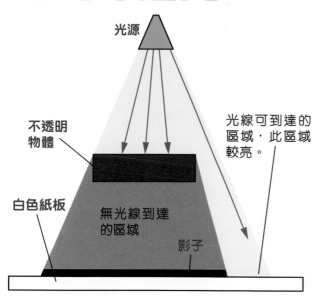

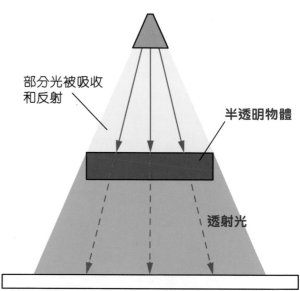

光沿直線前進，遇到不透明物體時被遮擋，未被遮擋的光線則繼續前進，照亮白色紙板。紙板未被照亮的部分是一個深色或黑色的區域，與紙板被照亮的部分形成亮度差異，那就是影子。

光線可以穿過半透明物體，產生透射光。本實驗中，白紙板映照出藍色光芒，是因為光在穿透藍色的水時，水吸收了其他顏色的光，只透射了藍色的光。

# 影子的分類

點光源是指如小點一般的光源，被點光源照射時只會產生本影。若光源為長燈管、太陽、多個光源等非點光源時，還會產生半影。

以日蝕為例，太陽是巨大的非點光源。當陽光照射至地球時，中途被不透明的月球遮擋，於是地球表面產生月球的影子，其中分為本影及半影。

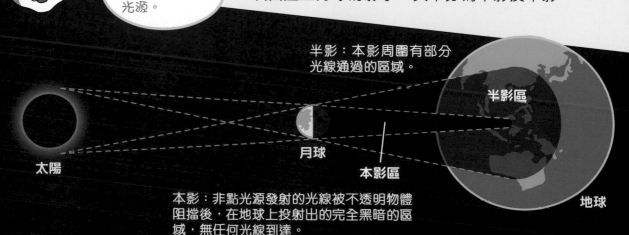

一個光源只產生一個影子嗎？

不，這取決於光源是否是點光源。

半影：本影周圍有部分光線通過的區域。

太陽

月球

半影區

本影區

地球

本影：非點光源發射的光線被不透明物體阻擋後，在地球上投射出的完全黑暗的區域，無任何光線到達。

# 影子「花朵」

用具：電筒 1 個、彩色筆若干、萬用膠
材料：A3 大小的白紙、彩色鐵絲

為方便操作，可請父母幫忙移動電筒，讓自己用彩色筆畫影子。

**1** 如圖所示，將鐵絲捏成小樹形狀。

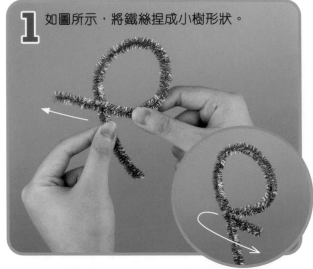

**2** 在小樹鐵絲的底部黏上萬用膠，並豎直黏貼在 A3 紙的中央。

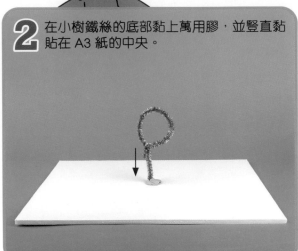

**3** 準備好彩色筆，並用電筒從隨機高度和角度照射小樹。

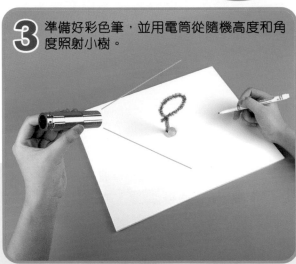

**4** 關燈，勾勒小樹影子的輪廓。

**5** 換另一個高度或角度照射小樹，選取另一枝顏色的筆勾勒小樹影子的輪廓。

**6** 直至畫出 5 或 6 個輪廓後，開燈觀察白紙上的影子「花朵」。

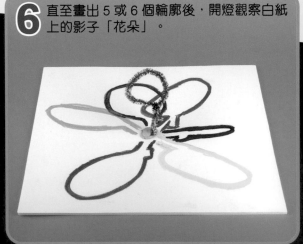

# 影子變化的規律

影子形狀的大小和顏色深淺，取決於該物體對光線的遮擋程度，包括彼此間的距離和角度。

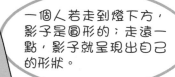

一個人若走到燈下方，影子是圓形的；走遠一點，影子就呈現出自己的形狀。

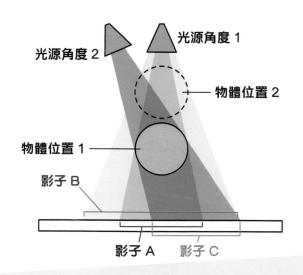

光源角度 2

光源角度 1

物體位置 2

物體位置 1

影子 B

影子 A    影子 C

如左圖所示，有 2 個高度相同的光源，從不同角度各照射到 2 個位置的物體。當物體與光源間的距離不變時，彼此角度越大，影子就越大，顏色越淺，所以影子 C 比影子 A 大且淺。

當光源角度不變時，光源及物體的距離越近，影子就越大，顏色越淺，故此影子 B 比影子 A 大且淺。

# 影子妙用：無影燈

醫生做手術時，手術燈從頂部照射到其手後產生影子，反令手術部位變得陰暗，影響操刀狀況。無影燈的發明正是為了解決這個問題，那是一個大量小燈泡組成的燈，利用多個光源從不同角度照射，以減少本影，淡化半影，從而減少影子對視覺的影響。

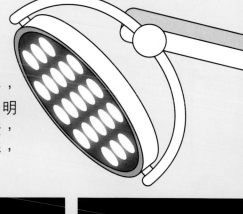

無影燈並不是完全沒有影子了哦！

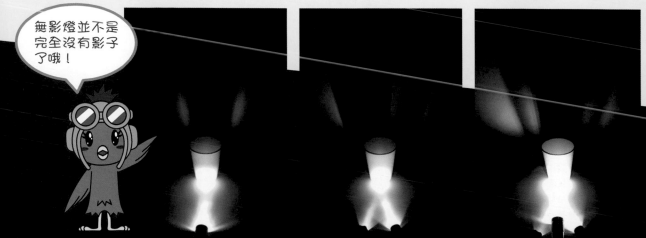

# 開心禮物屋 極速環遊世界

全力駛向終點，贏得獎勵吧！

## A Speed City 極速都市 無線電特技賽車

**1名** 多功能特技賽車，擁有可旋轉前輪和炫酷光效！

## B Play-Doh 培樂多 小煮意系列 燒烤印章套裝

**1名** 燒烤出以假亂真的肉串，成為新一代廚神！

## C 4M 3D 立體恐龍 石膏彩模

**1名** 用多彩的顏料給石膏模型上色，打造專屬於你的恐龍！

## D 名偵探柯南科學常識檔案— 人體的秘密 & 動物的秘密

**1名** 跟著少年偵探一起，解開人體和動物的奧秘！

## E 大偵探福爾摩斯 四字成語 101 ① & ②

**1名** 成語是中華文化的精髓所在，來一邊玩一邊學習吧。

## F 大偵探福爾摩斯 交通工具圖鑑 & 健康探秘

**1名** 福爾摩斯帶你了解交通工具及健康小知識。

## G Right — DIY 自製太陽能蝸牛

**1名** 太陽能驅動，內含 33 個附件，發揮動手能力！

## H KRE-O Transformers Custom Kreon

**1名** 組裝變形金剛，在戰場上叱咤風雲！

## I Qman Keeppley 優雅古扇店

**1名** 拼出古扇店到商業街大展拳腳！

第 217 期 得獎者

福爾摩斯 精於觀察分析，曾習拳術，是倫敦最著名的私家偵探。

華生 曾是軍醫，樂於助人，是福爾摩斯查案的最佳拍檔。

# 大偵探 福爾摩斯
## SHERLOCK HOLMES

## 科學鬥智短篇58
## 爸爸不要我 (2)

厲河=小説 陳秉坤、鄭江輝=繪

陳沃龍、徐國聲=着色

**上回提要：**

　　保險經紀柯爾與6歲的女兒瑪吉登上渡輪，從英國多佛港前往巴黎旅行。然而，在渡輪即將抵達法國加來港時，柯爾卻突然人間蒸發，失去了蹤影！船公司點算登陸卡後，發現果然少了一人，證明他並非丟下女兒獨自上岸走了。那麼，他去了哪裏？由於登船時與柯爾父女有一面之緣，福爾摩斯出手調查，從已知線索中作出總結……

　　「一、故意不去辦**入境手續**。二、把**兒童護照**和**旅行登陸卡**放在女兒的小挎包裏。三、把自己的領帶繫在甲板的欄杆上。」福爾摩斯一頓，眼底閃過一下寒光説，「這三個信息顯示，失蹤的人正是柯爾先生，這次旅程是**悉心策劃**的，他早已有尋死的決心！」

　　「呀……！」盧卡斯想起了甚麼似的，「難怪我在説人魚公主的故事時，他講了些奇怪的説話。」

　　「他講了甚麼？」福爾摩斯問。

　　「我説**人魚公主**在海中救起了遇溺的王子時，他説童話世界需要大團圓結局，但現實太多**苦難**了，好像暗示現實中不可能有這樣的結局。」

　　説到這裏，他偷偷地往後瞥了瑪吉一眼，繼續道：「本來不該説的，但事到如今，必須説了。其實，瑪吉的媽媽半年前**離家出走**，拋棄了他們兩父女。這幾個月來，我每次在樓梯碰到柯爾先

生，都覺得他**心事重重**，整個人也**無精打采**似的，看來受到頗大打擊。」

「原來如此。」福爾摩斯點點頭，「要獨力照顧年紀這麼小的女兒嗎？看來他要承受的壓力也太大了。」

忽然，「**叮咚**」一聲響起，瑪吉搖了一下手搖鼓。

「**爸爸不要我。**」她兩眼下垂，輕輕地吐出了一句。

「甚麼？」站在她旁邊的華生，驚訝地問。

「**叮咚……叮咚……叮咚……**」又響起了幾下鼓聲。

「爸爸不要我……」

那呢喃似的聲音，微弱得幾乎聽不見，但不知怎的，卻猶如一記記**重錘**，敲進了眾人的耳鼓中！

發現領帶的那個水手心酸地別過頭去，眼裏已盈滿了淚水。

船長也禁不住搖了搖頭，深深地歎了口氣。

「這……」盧卡斯無助地看了看福爾摩斯和華生，不知道如何是好。

「這樣吧。」福爾摩斯提議，「你是惟一認識瑪吉的人，麻煩你與船長一起到**法國海關**報案吧。」

「可是……報案後又怎辦？」盧卡斯困惑地問。

「不用擔心，我在**蘇格蘭場**有朋友，登岸後會發一個電報，叫他們派人來接瑪吉回倫敦。」

「好的……」盧卡斯無奈地點點頭，當正想轉身離開時，忽然想起甚麼似的說，「對了，在檢票員檢票後，柯爾先生說上船時看到一個**朋友**，就離座去找，回來時還說在**二等艙**找到了。你們該找找那個人，找到的話也可以向他了解一下情況。」說完，盧卡斯就拖着瑪吉的小手，隨船長報案去了。

福爾摩斯看着他們的背影想了想，自言自語地說：「柯爾曾遇到**朋友**？那位朋友聽到剛才的廣播，應該走來了解情況才對呀。難道……柯爾只是**藉詞走開**，根本不是為了找朋友？那麼，他走開是為了甚麼呢？」

「哎呀，你太多疑了。」華生沒好氣地說，「廣播時乘客已走得七七八八，他的朋友大概已下了船，所以才沒有出現呀。」

「是嗎？我**多疑**了嗎？」福爾摩斯看似仍未釋然。

「別想那麼多了，快下船吧，不然就趕不上去巴黎的火車了。」華生催促道。

「是的，趕火車要緊。走吧！」

這時，我們的大偵探萬萬沒想到，他這個**未能釋然的疑惑**，竟隱藏着一個重大的秘密，它將會把整個案子扯進一個黑暗的漩渦中，揭開人性**最醜陋的一面**！

一個星期後，福爾摩斯和華生在巴黎辦完案回到家中才過了一天，樓梯就響起了一陣沉重又緩慢的腳步聲。

「好像有**貴客**到訪呢。」咬着煙斗、正在閱報的福爾摩斯說。

「貴客？誰？」華生問。

「還有誰？當然是**李大猩**和**狐格森**啦。」

「是嗎？他們爬樓梯的聲音一向都是**急急巴巴**的，不像他們倆啊。」

「嘿，你不僅不懂觀察，竟連有多少人上樓梯也聽不出來。」

「啊？難道除了他們倆外，還有其他人？」華生連忙豎起耳朵細聽，「唔……？好像還有一個**輕悄悄**的腳步聲呢。」

「對，那是一個**小孩**上樓梯的聲音。」

「小孩？為何孖寶幹探會與小孩一起來找我們？」

「誰知道啊。」

「**呀！**」華生想起了甚麼似的，緊張地說，「一定是**她**！」

「別大驚小怪，你知道是誰嗎？」福爾摩斯咬着煙斗，漠不關心地吐了口煙。

「還有誰？」華生煞有介事地說，「當然是**她**啦！」

「**她？**難道……」福爾摩斯猛地從沙發上跳起來，「糟糕，一定是**愛麗絲**！豈有此理，居然放輕腳步，混在孖寶傻探中摸上來追租嗎？」

說罷，我們的大偵探一個轉身拔腿就逃，但大門已「**砰**」的一聲被推開了。

大吃一驚的福爾摩斯回頭一看，已見李大猩和狐格森兩人站在門外，但赫然發現夾在兩人中間的並非愛麗絲，而是手中拿着**小搖鼓**的那個小女孩——**瑪吉**！

華生看到她後，也驚訝地說：「瑪吉？」

知道來者不是愛麗絲，福爾摩斯立即鬆了口氣，連忙把李大猩拉到一旁，輕聲地問：「你帶她來幹甚麼？」

「**冤有頭，債有主**，當然要帶她來找你啦。」李大猩理所當然地答道。

「甚麼意思？」福爾摩斯摸不着頭腦。

「哎呀，如果不是你發電報叫我們幫忙，移民局又怎知道這個**倔強的小丫頭**與蘇格蘭場有關？最後又怎會把她拋來給我們處理啊！」

「所以，**追本溯源**，就把她帶來讓你們照顧了。」狐格森笑嘻嘻地說，「因為，你們才是這案子的**源頭**嘛。況且華生是醫生，比我們這些大男人更適合照顧小孩子啊。」

「可是，我們只是在船上碰巧遇上，並不認識他們父女倆啊。」福爾摩斯慌忙說，「而且，就算我們願意，也不可能把她收下來長住吧？」

「放心、放心！我們正在找**她的母親**，你們不必照顧她**一生一世**啊。」李大猩擺擺手說，「就算找不到她的母親，你們只須證明她的父親跳海自殺死了，社會福利局也會派人來接走她的啦。」

「甚麼？」福爾摩斯訝異，「這個還用證明嗎？登岸者少了一人，而她的父親又在船上**人間蒸發**，還在甲板的欄杆上留下領帶，不是在在都證明他已投海自盡了嗎？」

「你說的我們都知道。」狐格森聳聳肩，「但到目前為止，仍沒找到屍體啊。」

「對，要是有人**投海自盡**，屍體通常在一兩天後就會浮上水面。」李大猩說，「英法海峽的水上交通繁忙，來往的船隻很多，但過了一個星期仍沒有人發現**浮屍**啊。」

「沒找到屍體，就不能結案。」狐格森說，「你知道，我們蘇格蘭場查案都是嚴謹認真的，不可以**馬馬虎虎**的草草結案啊。」

「是嗎？」福爾摩斯不可置信地斜眼看了看狐格森，然後又看了看自顧自地把弄著小搖鼓的瑪吉，只好輕聲問道，「那麼，你們查過她父親柯爾先生的**背景**嗎？他有沒有自殺的**動機**？」

「有！」李大猩自信滿滿地說，並道出了他們的調查所得。

①柯爾喜歡賭馬，但常常輸錢，欠下一大筆賭債。

②半年前，其妻也因為他爛賭一怒而去。據其鄰居和同事說，他這幾個月來的情緒很低落。

③其上司知道他投海自盡後，發現他在兩個月前偽造假文件，取走了保險公司賠給客戶的賠償金2萬英鎊。

④我們去其家中搜查時，找到他留下了下注記錄，證實他已在十多場賽事中把2萬英鎊全輸光了。

⑤這個星期，保險公司會寄出年結單給客戶，他擅取賠償金的事情就會馬上曝光。

「所以，我們估計他知道即將**東窗事發**，在走投無路下，就只好選擇投海自盡了。」李大猩總結道。

「既然自殺的**動機**這麼明確，就沒有必要再調查了吧？」華生在旁聽着，按捺不住地插嘴道，「要知道，英法海峽相當遼闊，就算水上交通繁忙，也不一定有人看到浮屍啊！」

「而且……」華生生怕被瑪吉聽到似的，把嗓子壓得低低的說，「要是……被大魚吃掉了的話，就不僅**屍骨不全**，甚至連屍首也永遠無法找到啊。」

「被大魚吃掉也是活該，誰叫他**嗜賭如命**呢。而且，最離譜的是，他專買很難中的冷門馬，又怎會不把錢輸光！」李大猩說。

「你怎知道他專買**冷門馬**？」福爾摩斯問。

「我剛才不是說他在家中留下了**下注記錄**嗎？」李大猩從口袋

中掏出一張紙說，「你自己看吧，一看就能知道呀。」

「啊？他把下注記錄寫這張紙上？」福爾摩斯湊過頭去看，「唔？只有**場次**、**馬匹的名字**和**注碼**，你一看就知道他買的全是冷門馬嗎？」

「屬害吧？我可是賽馬專家，每匹馬的冷熱都記在我的腦子裏。」

「嘿！專甚麼家？只是**爛賭鬼**一個罷了。」狐格森譏諷道。

「你懂甚麼？賽馬是要花工夫研究的，就算買冷門馬**以小博大**，也不可以像瑪吉的爸爸那樣亂買啊！」李大猩大聲說。

「喂，輕聲一點。」華生往瑪吉瞥了一眼，慌忙提醒。

「爸爸……不要我……」瑪吉忽然呢喃。

「啊！」福爾摩斯不禁赫然。

「啊……」華生也記起了，瑪吉曾在船上說過同一句說話。

**叮叮咚咚……叮叮咚咚……**

瑪吉搖了搖手搖鼓，再次呢喃：「爸爸……不要我……」

狐格森慌忙湊到福爾摩斯耳邊，壓低嗓子說：「我們每次問她關於她爸爸的事，她要不就緊緊地抿着嘴唇不說話，要不就**重重複複**地說着這句說話——爸爸不要我。」

「你們已把實情相告了？」福爾摩斯問。

「『**實情**』？你指她爸爸投海自盡的事？還能隱瞞多久啊，當然是如實告之啦。」狐格森說，「可是，她一聽到我們這樣說，就會搖頭痛哭，大喊『**爸爸不要我**』。」

「對，聽着也叫人心酸啊。」李大猩歎息，「看來，她是無法接受父親已死的事實吧。」

29

聞言，福爾摩斯和華生也不知如何是好，他們知道，就算向瑪吉說些安慰的說話，也是**於事無補**的。

就在這時，大門又「**砰**」的一聲被推開了。闖進來的不是別人，就是我們熟悉的大偵探剋星——**愛麗絲**！

「嘿！好多人呢！」愛麗絲冷冷地一笑，然後小手一揮，毫不留情地指着福爾摩斯說，「倫敦首屈一指的大偵探先生，據嬸嬸說，你已拖欠**兩個月租金**！還想拖到甚麼時候呀？」

「喂！**眾目睽睽**之下，輕聲一點可以嗎？」福爾摩斯看見避無可避，只好低聲下氣地說。

「輕聲？」愛麗絲得理不饒人，「再不交租的話，我還會在整條貝格街**敲鑼打鼓**大喊大叫呢！」

「愛麗絲！」華生壓低嗓子，連忙把亂叫亂嚷的大偵探剋星拉到一旁，簡單地把瑪吉的案子說了一遍，勸她先行退下。

愛麗絲看到瑟縮在牆角的瑪吉後，**惡形惡狀**的她忽然換了一副**和藹可親**的樣子，還帶着微笑走了過去，溫柔地說：「小妹妹，你是瑪吉嗎？一定被這班老粗嚇壞了。來，別理他們，姐姐帶你下樓去吃甜點。」

說完，她向華生遞了個眼色，就拉着瑪吉下樓去了。

福爾摩斯鬆了一口氣，為了掩飾自己的尷尬，就**拉拉扯扯**地談了些無關痛癢的事情，然後準備送李大猩和狐格森離開。可是，大門又突然「**砰**」的一聲被推開了，愛麗絲又闖了進來。

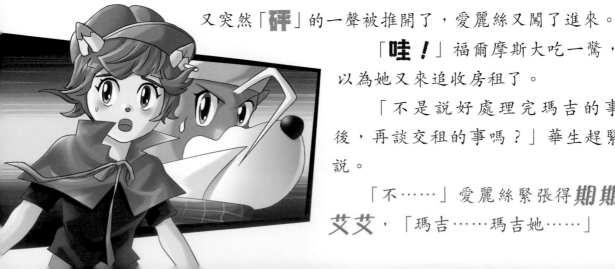

「**哇！**」福爾摩斯大吃一驚，以為她又來追收房租了。

「不是說好處理完瑪吉的事後，再談交租的事嗎？」華生趕緊說。

「不……」愛麗絲緊張得**期期艾艾**，「瑪吉……瑪吉她……」

「瑪吉她怎麼了？」華生問。

「瑪吉她説……」愛麗絲用力地咽了一口口水，「她説……她的爸爸沒有死！」

「甚麼？」福爾摩斯四人同聲驚呼。

「她為甚麼這樣説？」狐格森緊張地問。

「我……我也不知道啊。我拿了甜點給她吃，她吃了幾口，就説：『爸爸不要我，他自己下船走了。』」

「哎呀，還以為你説甚麼，差點被你嚇死了。」李大猩沒好氣地説，「瑪吉無法接受父親已死這個事實，才認為他只是拋棄自己下船走了吧？要知道，這個**事實**太嚇人、太殘酷了，就算是成年人也不一定能接受啊！」

「是的。」華生點點頭説，「一個人受到巨大的**心理創傷**時，在短時間內往往難以接受已發生的事實。」

「是嗎……？」愛麗絲有點猶豫地説，「可是，女孩子的感覺都很靈敏，瑪吉應該感覺到父親仍然在生，並沒有死去吧。」

「女孩子的感覺？」李大猩**嗤之以鼻**，「我們辦案靠的是邏輯推理和證據，不是靠感覺啊！」

「對，感覺是用來談戀愛的，不是用來查案的！」狐格森也**不屑一顧**，「查案靠感覺的話，就不用我們蘇格蘭場啦。」

「你有甚麼看法？」華生看到老搭檔沒有説話，就向他問道。

「這個嘛……」福爾摩斯想了想，「辦案確實不能光靠感覺。但我在想，我們一直只是從**偵探的角度**去看這起失蹤案，為何不也從**瑪吉的角度**去檢視一下呢？因為，事發前瑪吉一直與柯爾在一起，或許，她看到

或聽到了一些甚麼，就認為父親並沒有去尋死吧。所以，除非我們找到柯爾的屍體，否則就不能**一口否定**瑪吉的感覺。」

「那怎麼辦？難道找不到柯爾的屍體，就永遠不能結案了？」李大猩有點着急了。

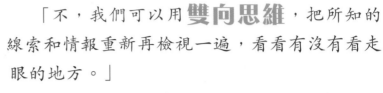

「不，我們可以用**雙向思維**，把所知的線索和情報重新再檢視一遍，看看有沒有看走眼的地方。」

「雙向思維？甚麼意思？」狐格森問。

「我們之前不是斷定柯爾是投海自盡嗎？現在就把方向來個**大反轉**，假設他不是投海自盡，而是**離船逃亡**，然後把兩個情況作出一個對照，看看能否作出新的判斷吧！」

說着，福爾摩斯沉思片刻，就在一張紙畫了一個**對照表**，比較了兩種相反的情況：

| | 線索及情報 | 投海自盡 | 離船逃亡 |
|---|---|---|---|
| ① | 妻子半年前離家出走 | 情緒低落，自盡原因之一 | 放棄照顧瑪吉，逃亡原因之一 |
| ② | 盜取客戶保險金並賭馬輸光 | 害怕被揭發，自盡原因之二 | 害怕被揭發，逃亡原因之二 |
| ③ | 登上英法渡輪 | 為了投海自盡 | 為了離船逃亡 |
| ④ | 帶瑪吉上船 | 以便瑪吉被人照顧 | 以便瑪吉被人照顧 |
| ⑤ | 與偶遇的盧卡斯坐在一起 | 以便瑪吉被熟人照顧 | 以便瑪吉被熟人照顧 |
| ⑥ | 沒在船上的法國海關辦入境手續 | 沒必要，因打算自盡 | 沒必要，因打算離船逃亡 |
| ⑦ | 以船票換取旅行登陸卡 | 掩飾投海自盡以便瑪吉登岸 | 掩飾即將逃亡以便瑪吉登岸 |
| ⑧ | 離座去找二等艙的朋友 | 原因不明 | 原因不明 |
| ⑨ | 把瑪吉的護照和旅行登陸卡放在她的小挎包裏 | 留下證件，以便瑪吉登岸 | 留下證件，以便瑪吉登岸 |
| ⑩ | 把領帶繫在甲板的欄杆上 | 證明自己已投海自盡 | 假裝已投海自盡，掩飾逃亡 |

「你們怎樣看？」福爾摩斯讓眾人看過對照表後，問道。

「我有一個問題。」愛麗絲舉手說。

「喂、喂、喂！『**20鎊**』，我們在分析案情，不是問你啊。」李大猩語帶斥責地說。

「『**20鎊**』？甚麼意思？」愛麗絲問。

「嘿嘿嘿，那是你的綽號呀。」狐格森笑嘻嘻地說，「你忘記了嗎？在調查『**吸血鬼之謎**』*一案時，有人輸了20鎊，到現在還**耿耿於懷**呢。」

「哎呀，不要揭人家的瘡疤了。」福爾摩斯恐防孖寶幹探又吵起來，連忙制止，並向愛麗絲說，「你有甚麼想問，就快問吧。」

「有福爾摩斯先生御准，我不客氣囉。」愛麗絲狠狠地往李大猩瞪了一眼，說，「我不明白，那位柯爾先生為何要帶瑪吉上船，把她遺棄在**火車站**或**街上**，不是更省事嗎？」

「有道理！」華生說，「這確實令人感到奇怪。」

「呀！我知道！」狐格森突然想起甚麼似的說，「我們向盧卡斯查問時，記得他說過每個星期天都會坐**同一班渡輪**去巴黎出差。柯爾一定知道盧卡斯的這個習慣，所以，他們在船上不是『**偶遇**』，而是他**故意**乘搭同一班渡輪，刻意讓瑪吉坐在盧卡斯身旁，讓盧卡斯照顧她。」

「原來如此。」華生恍然大悟，「這麼說來，柯爾就有充分理由選擇那班渡輪了。一來跨境渡輪是一個**密閉空間**，上船和下船都受到嚴密檢查，瑪吉不會遇到拐帶兒童的**人販子**；二來安排她與盧卡斯坐在一起，盧卡斯想不照顧她也不行。」

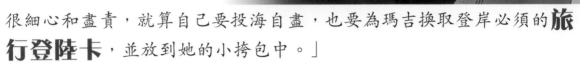

「唔⋯⋯」福爾摩斯想了想，領首道，「狐格森探員和你的分析都很合乎邏輯，不過，在整理這個對照表時，我注意到一點之前**沒在意的地方**。」

「那是甚麼？」李大猩問。

「你們看。」福爾摩斯指了指比較表中的⑦和⑨說，「這兩點表明柯爾很細心和盡責，就算自己要投海自盡，也要為瑪吉換取登岸必須的**旅行登陸卡**，並放到她的小挎包中。」

「這不是很正常嗎？」李大猩說，「身為父親，考慮到女兒要登岸，當然要這麼做啦。」

「是的，作為一個父親，這是很正常的行為。」福爾摩斯一頓，眼底閃過一下疑惑，「既然如此，第⑥點又如何？他為何不去法國海關的櫃枱領取**護照登陸卡**，以便瑪吉登岸呢？這不是有點反常嗎？」

「啊⋯⋯」李大猩啞然，不知如何反駁。

「嘿！我又知道！」狐格森搶道，「旅行登陸卡是由檢票員向乘客逐一檢票後送上的，當時柯爾和瑪吉與盧卡斯坐在一起，他想不要也不行，就**順其自然**領取了啦。」

「是嗎？」福爾摩斯質疑，「可是，盧卡斯向我和華生說過，柯爾是**特意帶瑪吉離開座位**，說去法國海關的櫃枱蓋章和領取護照登陸卡的。他既然這樣說，就算照辦，也不會妨礙他遺棄瑪吉和自殺的計劃呀。他為何**虛晃一招**，只是假裝去辦入境手續呢？」

「唔⋯⋯」華生沉吟，「福爾摩斯的分析也有道理。入境法國加來港，除了護照外，必須同時持有**旅行登陸卡**和**護照登陸卡**，兩者缺一不可。柯爾既然為女兒拿了旅行登陸卡，沒有理由不去拿護照登陸卡的。除非⋯⋯他有**難言之隱**⋯⋯」

「難言之隱？會是甚麼呢？」愛麗絲問。

「哇哈哈，我知道！」狐格森又搶道。

「甚麼？你又知道？」李大猩被嚇了一跳。看來，他屢次被搭檔搶先回答，已有點恐慌了。

「嘿嘿嘿，當然囉。」狐格森**成竹在胸**地說，「他的難言之**隱**，就是**忍**不住！他一定是**人有三急**，上廁所去了。這麼一來，就沒時間去辦入境手續啦。」

眾人聞言，腿一歪，幾乎同時摔倒。

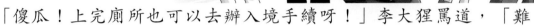

「傻瓜！上完廁所也可以去辦入境手續呀！」李大猩罵道，「難道你上了廁所，就沒時間去上班嗎？」

「你們別吵——」華生正想勸阻兩人時，突然，福爾摩斯大叫了一聲——「**廁所**」！

「**廁所！**我怎麼沒想到廁所呢？」福爾摩斯叫道，「當日我上廁所，完事後踏出門口時卻碰到了柯爾，當時他正想走進**廁所**。」

「那又怎樣？」狐格森不明所以。

「盧卡斯說過，在檢票員檢票後，柯爾曾離座找朋友，並在二等艙找到了。我在廁所門口碰到他，他應該正想去找朋友，即是對照表中的第**⑧**點——惟一**原因不明**的行為。」福爾摩斯說，「因為，與有目的地故意碰到盧卡斯不同，柯爾如果想投海自盡，只會避開偶然看到的朋友呀，又怎會特意去找對方呢？」

「你的意思是？」華生問。

「我的意思是，這可帶出兩個推論——」

**① 柯爾以找朋友為藉口離開座位，肯定另有目的。**
**② 而那個目的，正正顯示出他並無自殺之意。**

　　說到這裏，福爾摩斯眼底閃過一下**寒光**，總結道：「所以，瑪吉的感覺極有可能是正確的，柯爾仍然在生，我們一定要把他找出來！」

下回預告：福爾摩斯從柯爾的賽馬下注記錄中看出端倪，證明他的推論——柯爾偽裝自殺——是正確的。可是，柯爾又怎可能從船上無聲無息地人間蒸發？箇中有何秘密？福爾摩斯又能否找到他的下落？下集大結局將一一為你揭曉！

雖說香港夏天最常錄得東風及西風，但使用教材測量的地方不同，最常測到的風向也會不同呢！

## 劉海天

**給編輯部的話**

為什麼哈斯勒預計布蘭特輪去把頭伸出來？

哈斯勒不是預計，而是引布蘭特把頭伸出來。例如，把一塊小石頭擲到玻璃窗上，或大叫一聲布蘭特的名字，布蘭特就會把頭伸出來了。

## 張子萱

**給編輯部的話**

李大猩的邏輯……（真的會氣得昏倒）

請評分（1~10）

希望刊登

千萬別笑李大猩啊！當有人說老人院的新冠肺炎死者全都是打 A 疫苗，暗示 A 疫苗效用差。但是，當時全港的老人院都只可打 A 疫苗，這種邏輯不是和李大猩一樣嗎？況且，量度疫苗效用有很多指標，哪有這麼簡單？

## 陳皓一

**給編輯部的話** 希望刊登

我在打羽毛球前用這個風速計測量風速，防止羽毛球走，非常方便！！

哈哈，我打羽毛球也會這樣做，不過測到的風速總是 0，因為我都在室內運動場打羽毛球呢～

## 盧司保

**給編輯部的話**

風速計經常會被風吹，不會被吹壞嗎？

斷了？

CS 加油！希望刊登！

機器當然會壞。如果你查閱天文台的風速資訊，偶爾會遇到風速表需要維修，導致短時間內沒有風力資料的情況。這也是需要這麼多氣象站來互補的原因之一。

# 電子信箱問卷

**黃樂希** 吹大風的時候，風速計很有用喔！

溫馨提示：教材風速計並不適合用來量度過強的風力，因為你根本數不到圈數，風速計可能會損壞啊！

**嚴可晴** 原來塑膠可以做成雪糕啊！

這是近年有人研究的新技術，並未開始實際應用。化學可以很古怪，網上一些專門做化學實驗的頻道更挑戰過將膠手套變成辣椒醬、棉花變成棉花糖等實驗呢！

**Lo Hao Hsuan** 雪糕真的可以加入膠料嗎？

不是「加入」膠料，而是將膠料「轉化」成香蘭素，作為人工雲呢拿。香蘭素是天然雲呢拿香料的主要成分，所以味道也跟天然雲呢拿相近。其實天然雲呢拿除了含有香蘭素，還有許多其他成分。但人工及天然的同樣安全，味道差別不大，人工的又便宜得多，那商人當然選用人工雲呢拿！

鳴謝：
香港新一代文化協會

# 第八屆 英才盃 STEAM 教育挑戰賽 飛行大挑戰！

今年的英才盃決賽已於 7 月 11 日在香港浸會大學附屬學校王錦輝中小學舉行。賽事以「飛行器的設計、裝配及飛行」為主題，分成初賽及決賽，決賽的同學須即場製作遙控飛機，並完成飛行任務。

## 飛行任務

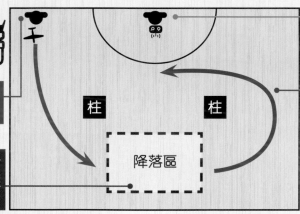

① 一位同學負責操控飛機。

② 一位同學負責將飛機擲出。

③ 同學要在限時內控制飛機繞場逆時針飛行最多圈數。

④ 若飛機最後成功降落於指地區域，可獲加分。

柱　　柱

降落區

▼ 同學在 1 個多小時的準備時間內兼顧製作、試飛、改良及裝飾，還發揮出不錯的表現，十分厲害！

▲ 除了要製作能安穩飛行的遙控飛機，同時也要兼顧其造型，競逐「最佳外觀造型獎」！

《兒童的科學》
創作組＝編

Yuthon＝插畫

誰 改變了 世界？

電影先驅
盧米埃爾兄弟（下）

上集提要：米埃爾兄弟為了解構愛迪生的活動電影放映機，探究前人對電影誕生三個要素的貢獻，然後思考着要如何製造出一部新的電影機……

## 活動電影機的誕生

如上集所述，愛迪生公司的活動電影放映機沒有投影設備，觀眾只能各自從細小的視窗孔看電影。盧米埃爾兄弟覷準這一點，希望設計一款附有**投影裝置**的電影機，令大家可一起欣賞影片。

「愛迪生的電影機固然厲害，但只能獨自一人彎着腰看。」路易沉思道，「而且畫面太小也不夠清晰，實在令人看得辛苦。」

奧古斯特和應：「若能像**幻燈機**般放大投射到牆上，與大家一起看電影，這樣有趣多了呢！」

「對了，那種在菲林邊**打孔**以便牽引的方式非常合用，只是不夠穩定。」路易説，「要想辦法改善。」

他們**苦思冥想**，以求解決辦法，直到1894年秋天才出現曙光……

咯咯！

奧古斯特敲了敲房門後就直接推門而進，只見路易閉眼躺在床上。他擔心地問：「你沒事吧？」

「沒事，只是有點**不舒服**。」路易稍稍睜開眼道。

「怎麼無端端不舒服了？」

「可能是昨晚太**興奮**而睡不着。」路易説，「因為我想到一個方法能有效地牽引菲林。」

「縫紉機裏有個叫『**送布齒**』的組件，能配合縫紉針一下一

下平均地移動布料，配合另一組件『壓腳』，便做出精準的縫紉距離。」他續道，「如果我們依樣畫葫蘆，使用類似裝置，不就能穩定地將菲林一格一格地牽引下去嗎？」

於是他們立即着手準備，在其攝影器材工廠的機械師協助下，終於製成一款兼具拍攝與放映功能的新產品，命名為「活動電影機」(Cinématographe)。

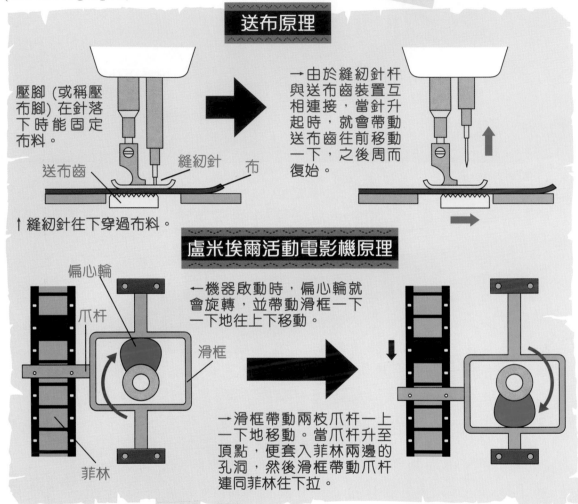

**送布原理**

壓腳 (或稱壓布腳) 在針落下時能固定布料。

送布齒　縫紉針　布

↑ 縫紉針往下穿過布料。

→ 由於縫紉針杆與送布齒裝置互相連接，當針升起時，就會帶動送布齒往前移動一下，之後周而復始。

**盧米埃爾活動電影機原理**

偏心輪
爪杆
滑框
菲林

← 機器啟動時，偏心輪就會旋轉，並帶動滑框一下一下地往上下移動。

→ 滑框帶動兩枝爪杆一上一下地移動。當爪杆升至頂點，便套入菲林兩邊的孔洞，然後滑框帶動爪杆連同菲林往下拉。

在研製電影機時，盧米埃爾兄弟購入數箱賽璐珞膠片，在上面塗抹感光乳劑，製成菲林，再於每格菲林兩旁各戳穿一個孔洞。如此一來萬事俱備，他們開始嘗試拍攝影片。

1894年9月，路易把機器設在自家工廠門口，以每秒16格菲林的攝影速度，拍攝第一部電影——《工廠大門》*。全片只有約46秒，畫面開始時映出廠門打開，許多男女工人從工廠走出來，後來人羣漸漸散去，另有一隻狗經過門外，最後廠門關上。

之後他向朋友作放映試驗，過程非常順利。1895年2月他就與哥哥正式申請專利，指出「活動電影機」具備拍攝、放映、洗印三種功能，而且只有箱子般大小，攜帶方便。

*《工廠大門》全稱《工人離開里昂的盧米埃爾工廠》(法文原文是 *La Sortie de l'Usine Lumière à Lyon*，英文即 *Workers Leaving The Lumière Factory in Lyon*)。

40

# 電影的商業公映

1895年是電影誕生的其中一個關鍵時期，盧米埃爾兄弟於年初申請專利後，便開始**大展拳腳**，計劃向公眾放映影片。他們聘請及訓練多個攝影師，拍攝多部題材各異、片長約1分鐘的**影片**。另外，他們拜訪巴黎、布魯塞爾等地的一些學院與科學機構，在其演講會進行私人放映以宣傳電影機，亦為**公映**作預備。

及後二人經父親的朋友介紹，租下嘉布遣大道\*14號「**大咖啡館**」的地下室\*為公映地點，因那裏是當時巴黎最豪華及行人最多的地區，並選定12月28日為正式首映日。

當天是星期六，不少遊人到附近的市集閒逛。有些人看到咖啡館門外的宣傳海報，好奇之下就買票一**探究竟**。至下午開場，工作人員打開地下室大門，讓付了入場費的觀眾入內。待眾人坐下，放映員便關燈，室內變得**漆黑一片**。接着他打開電影機的照明裝置，再攪動手掣，亮光從機器射出，映照在前方的布幕上，電影就這樣開始放映。

首先播放的是《**里昂科德利埃廣場**》\*，片中可見廣場街道上的景色，途中有一輛**雙層馬車**駛過，同時有其他行人**橫過馬路**，至此影片結束。放映員隨即換上另一卷菲林，再次攪動手掣，陸續放映《工廠大門》等共10部影片。

其中在《**嬰兒進餐**》\*裏，奧古斯特·盧米埃爾及其妻女更粉墨登場。三人身處花園，坐在餐桌前吃飯。奧古斯特一匙一匙地餵小嬰孩喝湯，又給了一塊餅乾讓她拿着。另外，片單還有一部特別的電影《**水澆園丁**》\*。它不像其他影片般只會如實記錄情景，而是具有簡單的故事情節。

影片開首可見**園丁**站在花園，用軟水管為植物澆水。一個**少年**悄悄走到他身後，踏住水管，令水無法流出。園丁十分困惑，遂看向喉嘴檢查。這時少年挪開水管上的腳，水瞬即直噴園丁的臉，令其非常**狼狽**。園丁回頭看到那**始作俑者**，就一手抓住對方，狠狠地打他的屁股，再扭着他的耳朵趕其離開後才繼續工作。

---

\*嘉布遣大道 (Boulevard des Capucines)，位於巴黎第二區與第九區之間。
\*「大咖啡館」(Grand Café)，其地下室別稱「大咖啡館的印度沙龍」(Le Salon Indien du Grand Café)。
\*《里昂科德利埃廣場》(法文原文是 Place des Cordeliers à Lyon)，英文即 Cordeliers' Square in Lyon。
\*《嬰兒進餐》(法文原文是 Repas de bébé)，英文即 Baby's Meal。
\*《水澆園丁》(法文原文是 L'Arroseur Arrosé)，英文即 The Waterer Watered。

放映燈

菲林

←與愛迪生的活動電影放映機用電力推動不同，盧米埃爾的活動電影機是靠人手攪動菲林去放映影片。

↑活動電影機後方的放映燈射出的光芒照射到前方一個類似鏡頭的東西，以集中光線，照射到前方箱子裏的菲林格，從而放映出影像到銀幕上

那時每部電影片長都不超過1分鐘，而且沒有聲音，只有黑白影像，卻已令許多有生以來首次接觸電影的觀眾**歎為觀止**。

雖然首天入場人數不算多，門票收入僅夠支付租場費，不過消息很快傳遍整個巴黎，令人們對這種嶄新的娛樂十分好奇。從第二天起，「大咖啡館」的地下室**座無虛席**，於早、午、晚三個時段不斷重複播放電影。

其實該年還有其他同業在紐約、波士頓、柏林等地以自製的電影機做放映活動，只是其質量較差，無法引起熱烈反應。相反，盧米埃爾卻取得較大的成就。以開首所述的《**火車進站**》為例，那是1896年1月初才正式向公眾放映的影片。當中火車恍若迎面衝過來的畫面，雖無聲響，但其角度所營造的立體感，令人**如臨其境**，因而大受歡迎。

除了一般羣眾，盧米埃爾電影也引起相關行業人士的注意。首映當天，一些巴黎劇院的經理也獲邀出席。他們看過影片後，讚歎不已，並從中發現可觀的**商機**⋯⋯

「盧米埃爾先生，這部放映機實在**了不起**！」一個男人看着機器，向身旁的安托萬・盧米埃爾說。

「哈哈哈，謝謝讚賞，梅里愛先生\*。」安托萬自豪地笑道，「這都是全靠我那兩個兒子呢！」

「如果我們的劇院也能播放影片，一定賺個**盆滿缽滿**！盧米埃爾先生，若你願意**出售**這機器，我們必定給一個令你滿意的價錢⋯⋯」梅里愛露出毅然的表情說，「**1萬**法郎\*如何？」

「我出**2萬**！」這時另一位劇院經理搶道。

「我出**5萬**！」第三位劇院經理也加入戰團。

「哎呀，承蒙大家賞識。」安托萬施施然地擺一擺手，苦笑道，「不過很抱歉，這機器是我們家的**大秘密**。我不想賣掉它，若大家

\*馬里耶-喬治-讓・梅里愛 (Marie-Georges-Jean Méliès，1861-1938年)，法國魔術師、演員與電影製作人，曾於1902年拍攝著名影片《月球旅行記》(Le Voyage dans la lune)。

\*法國法郎 (French franc)，約於14世紀開始成為法國的法定貨幣，至2002年全面被歐元取代。

希望在劇院放映就由我們盧米埃爾代勞吧。」

「真的不肯賣嗎？」

「這太可惜了！」

「請再考慮一下吧！」

一眾經理繼續拼命遊說，但安托萬仍**堅拒不受**。最後他們只好打消念頭，失望地離開了。

事實上，那時盧米埃爾不願出售電影機的真正原因，與1895年愛迪生拒絕將影片在銀幕放映、只讓觀眾通過狹窄視窗孔看影片的想法如出一轍。他們都認為電影只是一種快速興起、卻不長久流行的玩意，人們很快就會對其失去興趣，故此要趁大眾熱情**消逝**前，盡快攫取與獨佔當前的利益。當然歷史證明他們都錯了，不過那些都是後話。

路易·盧米埃爾見電影如此賣座，決定**乘勝追擊**，以特許經營方式向世界各地派遣放映師，將活動電影機及其製作的影片推廣至全世界，但不售賣機器，亦對其構造**保密**。放映師為加強宣傳，偶爾會讓那些不知電影為何物的觀眾到放映室參觀，使其相信活動畫面並非幕後有演員即時演出，而是事先攝製的效果。另外，他們也會在當地拍攝影片，增加片種和數量。

此後兩年，活動電影機影片很快傳遍歐洲如英國、意大利、德國、瑞士、葡萄牙、挪威等，甚至遠至亞洲的日本、印度，還有澳洲、墨西哥、埃及、巴基斯坦等國家。然而，它在美國卻**慘遭滑鐵盧**。

事緣盧米埃爾兄弟利用了愛迪生活動電影放映機部分機關設計，例如在菲林上穿孔的手法等，加以改良並開發出活動電影機。愛迪生認為那是侵佔其專利權，遂興起**訴訟**。另一方面，美國政府為保護本國企業，也以關稅保護法案**提告**。結果，盧米埃爾的美國分公司於1897年底倒閉，其影片亦逐漸於美國銀幕消失。

另外，活動電影機自身也有其**缺陷**。當它反復拉動底片，爪杆就會很易扯斷菲林，但盧米埃爾卻沒解決問題。與此同時，其他發明者亦造出類近卻更精良的電影機器，令活動電影機迅速**沒落**。

自1898年起，盧米埃爾兄弟改變經營方針，工廠只專注製造和出售照相材料，並逐步減少拍片，將餘下的電影機**放售**。到1907年他們更將活動電影機的專利權賣予百代公司\*。不過，二人雖放棄了活動電影機，卻沒完全退出電影與攝影事業。

---

\*百代公司 (Pathé)，法國電影公司，成立於1896年。

盧米埃爾兄弟在工作之餘，會因應各自的**興趣**（哥哥奧古斯特喜歡研究醫學，而弟弟路易則專注於工業機械與攝影化學發展）創造許多東西，例如一款新電池、一種抗菌肥皂、機械義肢等，並為其註冊專利。

在眾多發明中，有兩項與攝影及電影相關，包括一種新式的**彩色照片製造方法**——「奧托克羅姆」（Autochrome Lumière）。1902年，他們於感光版的一面塗上黑白照片通用的鹵化銀，另一面則塗上一層染了紅、綠或藍色的**馬鈴薯澱粉**。當光線通過感光版時，受相應的染色馬鈴薯澱粉干涉，令曬出的照片產生彩色效果。

另一項是他們製造出一款**立體投影系統**，用以製作出立體電影。1933年路易更將早期電影《火車進站》重新製成**立體版**，並向法國科學院的觀眾展示。可惜的是當時人們對其並不熱衷，故此立體電影很快就退出市場。

↑當時立體電影放映時，人們須佩戴一副特殊的異色鏡片眼鏡來觀看，與現代幾近相同。

與活動電影機的情況一樣，盧米埃爾兄弟並非彩色照片與立體電影的獨創者，在當時亦只取得**曇花一現**的成果。但在電影發展上，二人卻起着**承先啟後**的作用。

盧米埃爾影片大多局限於紀錄片形式，鮮有活潑的故事情節，很快就跟不上發展迅速的時代，但為後來的電影製作者如**梅里愛**、**齊卡**\*等人作示範。此後他們構思出更多拍攝手法，令電影風格與類型變得多元化，也更富娛樂性，令觀眾看得更開心。

電影歷經百年，才於一眾科學家與發明者手中慢慢成形，並逐漸趨向**大眾化**與**商業化**。此後，放映地方不再是臨時租借的場所，而是舒適的**戲院**。影片由數人拍攝簡單的靜默黑白片段，擴展至後來以幾十甚至幾百人製作出包羅聲色萬象、雄奇華麗的**複雜作品**。它亦從玩票性質的科學攝影技術載體，逐漸演變成一門**獨立的藝術**。

\*費迪南‧齊卡（Ferdinand Zecca，1864-1947年），法國早期電影人，曾任製片人、導演、編劇、演員數職。

# 宇宙深處的 鏡子星球

行星與燃燒的恆星不同，不會發光，但可以反射來自恆星的光線。學術期刊《天文與天體物理》於7月10日發佈的論文提到一顆行星，編號為 LTT9779b，與地球相距 262 光年，對恆星光的反射率達到 80%，遠大於地球的 30%，為目前發現的最亮系外行星，像一塊巨大的鏡子閃耀在宇宙中。

**雲層一：**
主要由矽酸鹽組成，熔點高，多數行星包括地球的地殼主要由此礦物組成。

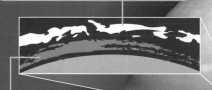

**雲層二：**
含有大量鈦，鈦是一種具銀白色光澤的金屬，耐高溫和低溫，且抗強酸耐腐蝕。

## 反光雲層

LTT9779b 的質量約是地球的 29 倍，半徑約是地球的 4.7 倍，其大氣層由大量矽酸鹽和鈦等物質組成。這些物質反射出行星接受到的大部分光，使其如一面巨大的反光鏡。

金屬雲加重了大氣的重量，使自身不易被恆星的輻射吹散。

反射光線和高溫。

## 大氣層存在原因

LTT9779b 距離熾熱的恆星非常近，朝向恆星一面的溫度可達 2000℃。研究者認為，如此高的溫度下仍擁有大氣層，是由於矽酸鹽及金屬含量過高導致「過飽和」狀態，過多的金屬及矽酸鹽蒸汽凝結成水滴狀，繼而集結成金屬雲層。

金屬雲的反射性使大氣層不會被高溫蒸發，從而確保存在。

金屬雲的形成過程跟浴室內的水霧一樣——由於水汽不斷從熱水產生，最終就會「太多」而達至過飽和，繼而凝結成小水點。小水點集結成霧，使浴室變得白濛濛一片。

鳴謝：嶺南鍾榮光博士紀念中學

## 鬃獅蜥 (Central bearded dragon)

學名：*Pogona vitticeps*
原生地：澳洲中部及東部｜成體身長：60 厘米｜主要食物：小型昆蟲及植物

> 牠好像對鏡頭毫不在意呢。

> 剛好相反，牠別過瞼去，正在用左眼注視着鏡頭啊！

　　鬃獅蜥屬於飛蜥科，主要在澳洲中部及東部的乾旱地區棲息，通常在日間活動，喜歡爬到樹木的枝幹上或欄杆上曬太陽來保持自身的體溫。由於牠們生活的環境植物稀少，乾旱泥土及樹木的顏色都偏向淺黃，因此牠們也發展出相應的保護色。

▶野外的鬃獅蜥，可見其顏色跟地面相似，遭受威脅時亦可看到牠深色的「鬍鬚」。

> 這隻鬃獅蜥跟爬蟲館那隻花紋不同，因即使是相同品種，其顏色和花紋仍會受基因影響而產生差異！

# 鬚獅蜥

難道這是一種像獅子般兇猛的蜥蜴？非也！牠既不兇猛，其頸部也沒有像獅子般的鬃毛，只因有刺狀的鱗片，令其外表別具特色。

## 鬍鬚巨龍？

鬚獅蜥的英文名字意即「帶鬍鬚的龍」，那是指其口部下方的刺狀鱗片。當鬚獅蜥鼓起下巴，那些刺狀鱗片就很像鬍鬚！除了下巴，鬚獅蜥身上也有密密麻麻的刺狀鱗片，看似非常尖銳，實際上質感跟橡膠相似，不會刺人。

## 有力的四肢

跟上期介紹的石龍子不同，鬚獅蜥爬行時會撐起自己的身軀，而非腹部貼着地面滑行，避免長時間接觸熾熱的地面，有助維持合適的體溫。

## 鬚獅蜥的視力

鬚獅蜥的眼睛長在頭部兩側，是較常被獵食的動物具有的特徵，因這樣就能清楚地看到接近360°的範圍，較易偵察獵食者。因此相片中的鬚獅蜥看似別過臉去，其實是好奇地注視着相機呢！

## 身體語言

除了不太響亮的嘶叫聲外，鬚獅蜥幾乎不會發出聲音。牠們要互相溝通時，會用揮手、點頭等身體語言。

鬚獅蜥會猛烈點頭來宣示自身比對方更強壯，通常用於求偶或驅逐其他侵佔自己地盤的鬚獅蜥。

相對地，當面對另一隻鬚獅蜥快速點頭時，牠們或會緩慢點頭及揮動手臂回應，以示屈服，若不屈服則會大打一場。

# 懂得模仿的蜥蜴？

根據一項 2015 年的研究，鬚獅蜥很可能懂得模仿其他動物來解難！負責該項研究的科學家做了一個有趣的實驗：

❶ 先準備一個箱，箱內有個鐵欄，欄後放了鬚獅蜥愛吃的麵包蟲，作為驅使鬚獅蜥設法打開鐵欄的誘因。

❹ 將實驗組的鬚獅蜥放到箱中進行測試，結果牠們都懂得打開鐵欄！可是，如果把沒觀看情景的鬚獅蜥放到箱中，牠們就不懂得打開鐵欄了。

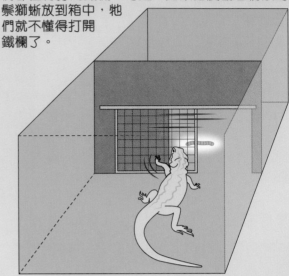

❷ 將一隻鬚獅蜥放在一個箱內，訓練牠打開鐵欄，從而吃掉欄後的麵包蟲。

❸ 安排實驗組的數隻鬚獅蜥在外面觀看箱中的鬚獅蜥打開鐵欄。

可見鬚獅蜥是聰明的動物呢！

# 由嶺南鍾榮光博士紀念中學舉辦的 爬蟲有獎問答遊戲

| 第 219 期答案 | | |
| --- | --- | --- |
| 1.) 因為要避開日間炎熱的地面 | 2.) 蝌蚪階段 | 3.) 樹冠層 |
| 4.) 昆蟲、小型哺乳類動物（如老鼠）、魚、其他蛙類、爬蟲動物 | | 5.) 成年 |

| 第 219 期得獎者 | | | |
| --- | --- | --- | --- |
| 許柏軒 | 董家宸 | 許躍藍 | 秦鈞皓 |
| 程梓航 | 蕭暟靖 | 賴汶浩 | 楊彥勤 |
| 徐康洋 | Lam Yat Yin | | |

嘟一嘟右邊的 QR Code 即可到問答遊戲的網頁，填寫並提交答案。答對所有問題者將有機會獲得由嶺南鍾榮光博士紀念中學送出的 STEM 禮物一份，還可到爬蟲館一遊呢！

液壓升降台模型

名額 10 個！

問題 1：鬚獅蜥在日間爬到樹木的枝幹上曬太陽有何目的？

問題 2：為何相同品種的鬚獅蜥會出現不同的顏色和花紋？

問題 3：鬚獅蜥互相溝通時，會用什麼方法？

問題 4：鬚獅蜥的眼睛長在頭部兩側有何好處？

問題 5：科學家研究，鬚獅蜥可能通過什麼方法，學習模仿其他動物來解難？

**規則**

截止日期：9 月 20 日
答案與得獎名單將於第 223 期「讀者天地」公佈。

- 所有問題及答案皆由嶺南鍾榮光博士紀念中學擬定，如有任何爭議，本刊與校方保留最終決定權。
- 得獎者將由校方通知領獎事宜。
- 實際禮物款式可能與本頁所示有別。
- 問答遊戲網頁所得資料只供決定得獎者所屬及聯絡得獎者之用，並於一定時間內銷毀，詳情請參閱網頁上的聲明。

如有查詢，可於星期一至五早上 9:00 至下午 4:00，致電校方 2743 9488，與關主任或林主任聯絡。
學校地址：香港新界葵涌荔景山道

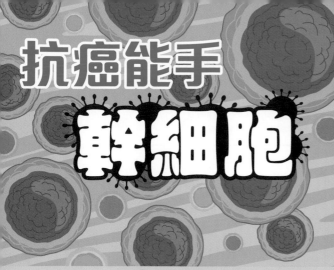

# 抗癌能手 幹細胞

人體

幹細胞是一種可不斷分裂且修復病變細胞的功能性細胞。近年來隨着技術的發展，幹細胞用於治療癌症的案例越來越多。今年6月，中國湖南有兩位患者通過自體幹細胞移植技術，成功減緩癌症的病勢。

 ## 甚麼是幹細胞？

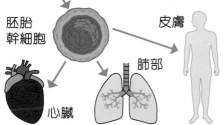

胚胎

胚胎幹細胞源於胚胎，可分化為成年人體所需要的數百種特定細胞及各種組織器官，如心臟、肺部、皮膚等。

胚胎幹細胞

皮膚

肺部

心臟

幹細胞屬於原始細胞，依據來源和潛能，可分為胚胎幹細胞和成體幹細胞。

兩種幹細胞各司其職。

骨髓　　肌肉　　大腦

成體幹細胞源於骨髓、肌肉、大腦等，主要功能是不斷分化，以補充正常損耗或被疾病損傷的細胞。

成體幹細胞

修補損傷損毀的細胞

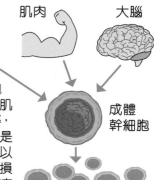

## 幹細胞抗癌

一般來說，幹細胞不具備殺死癌細胞的能力。當患者接受化療或放射性治療後，可通過幹細胞移植技術，用體外培養的細胞或組織替換身體內受損部位，或使受損部位恢復細胞製造的能力，促進患者康復。這種技術分為自體移植和異體移植。

幹細胞採集需時約1-2小時，植入需時約1-5小時，真不容易啊。

自體移植：從患者自身提取幹細胞，體外分離並冷凍後，再植入回患者體內。

患者

體外冷凍並分離病變細胞、血液和其他體液。

患者自身

利用患者自身細胞，故不會發生排斥反應，但可能攜帶自身的病變細胞或病毒。

異體移植：從健康的人身上提取幹細胞後，體外分離並冷凍再植入患者體內。

健康人

體外冷凍並分離病變細胞、血液和其他體液。

患者

患者身體可能會將異體植入的幹細胞認作病毒進行攻擊，使患者嘔吐、腹瀉並感染，嚴重時會導致死亡，此過程即排斥反應。患者或須服用抗排斥藥物以防止此反應出現。

# 數學偵緝室

## 大偵探福爾摩斯
## 錢包丟失記

數學

沒想到華生先生也會欠債呢。

一會兒順便去提錢交租……

只怪自己打賭失手，才要拿錢還債。

我當你的護衛，之後請我吃蛋糕！

好……

哎呀！

呀，扒手呀！別跑！

別追了！錢包裏裝的是……

錢包裝了甚麼？

總值20先令的欠條。

我的錢在另一個口袋中，還有其他欠條。

就只有這些？

我事前已把它們記在簿子裏。

咦，你沒寫總數的？

啊，我忘了。

5 張 5 先令的鈔票

1 張 8 先令的欠條

錢包
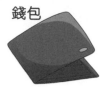
內有總值 20 先令的欠條

5s + 5s + 5s
+ 5s +5s -8s
-20s

*s 是先令 (Shilling) 的簡寫。

---

難題 1：
若將所有欠條上的錢記為負數，那錢包被偷前我的帳面上有多少錢呢？

試以第 217 期專欄所教的正負數加法計算一下吧！答案就在右方，解題程序則在 p.54。

我知道，答案是 -3 先令。

對，但錢包被偷後，帳面數目就不同了。

## 正負數的減法

華生被偷錢包後的帳面數：-3s - (-20) s

學校只教了加法，卻未教正負數相減該怎樣算。

上次不是説了計算正負數的口訣 * 嗎？這次須用當中「負負得正」原則。

* 口訣是「正正得正，負負得正，正負得負」，詳情可參閱第 217 期「數學偵緝室」。

## 負負得正

在一個算式中，若要減去一個負數，就去掉其負號，並把減號轉為加號。例如：1 - (-2) = 1 + 2

接着試試計算那帳面數吧！

**1** 列式時，為求清晰，先刪去先令簡寫，將所有細項都用括號括住。

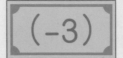 **-**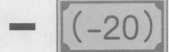

(-3) 華生被偷錢包前的賬面總數

(-20) 負負得正，所以得出加號。

**2** 將括號刪掉，並決定每個數之間應相加還是相減。

**= -**  **+**

3    20

第一個數前面甚麼也沒有，可在刪掉括號後將負號當作減號。

**3** 因 20 大於 -3，為便於計算，將 20 調至 -3 前。

**=** 20 **-** 3

最前方的加號通常不寫。

**4** 答案

**=** 17 ←

另外，若直接將華生剩下的款項相加，也可得出答案：$5 \times 5 + (-8) = 17$。

嘿嘿，既然欠條沒了，就不用還錢呢。

喂——

我不像福爾摩斯，不會賴帳。

那……那賊跑得真快，給逃了！

真沒用！

你說甚麼？

哎呀，別吵了，我請你們到前面的蛋糕店吃東西吧。

謝謝華生醫生，我知道那蛋糕店做特價優惠，所有蛋糕一律 4 先令，每杯果汁只售 2 先令呢。

那你要多少？

我要的不多，3 件蛋糕加 1 杯果汁就夠了。

真貪心，我只要 1 杯果汁就好。

# 正負數的乘法

華生買了蛋糕後，又將支出記在帳簿上：

$$(-4)s \times 3 + (-2)s \times 2$$

咦，帳目上有乘號的？那怎麼算？

正負數乘法也根據口訣去算就可以。

**1** 為求清晰，列式時先刪去先令簡寫，將所有細項都用括號括住。

物件數量以正數表示，前方的加號不寫

$$\boxed{(-4)} \times 3 + \boxed{(-2)} \times 2$$

支出以負數表示

**2** 因「正負得負」，負數乘以正數為負數，另外計算時須先乘除後加減。

$$= \boxed{(-12)} + \boxed{(-4)}$$

**3** 將負號挪至算式前，用括號將數字括起來相加。

$$= - (\boxed{12} + \boxed{4})$$

**4** 得出答案

$$= - \boxed{16}$$

亦即華生花費了 16 先令。

難題 2：我還剩下多少可直接使用的錢？答案在 p.54。

# 難題答案

## 難題 1

5 + 5 + 5 + 5 + 5 + (-8) + (-20)
= 5 x 5 + (-8) + (-20)
= 25 + (-8) + (-20)
= 25 – 8 – 20
= 17 – 20
= – (20 – 17)
= – 3

## 難題 2

由於要計算的是可使用的錢，故不用計算欠條的數目。華生本有 5 張 5 先令的鈔票，即有 5 先令 × 5 = 25 先令。他替小兔子與愛麗絲買蛋糕和果汁，花了 16 先令。所以他剩下 25 先令 - 16 先令 = 9 先令。

# 書展2023完滿落幕！

今年的書展已於 7 月 25 日正式結束。大家有來到書展挑選適合自己的好書嗎？

▲除了購買書展優先發售的第 220 期《兒童的科學》，亦有不少人選擇心水的過往期數。

◀豐富的訂閱禮物同樣令人拿不定主意呢！

## 香港太空館天象節目《火星千日行》

人類早在 1969 年登陸月球，但遲遲未踏足過其他行星。不少航天機構都正在積極考慮登陸火星，但當中又會遇到甚麼困難？本節目中，來自不同國家的太空人將會攜手合作，請觀眾一同體驗火星冒險之旅。

**放映日期** 即日至 2024 年 1 月 31 日
**地點** 香港太空館天象廳
**詳情請瀏覽香港太空館網頁**
https://hk.space.museum/tc/web/spm/shows/sky-show/mars1001.html

## 香港科學館展覽專題展覽 天生我「材」—— 材料科學與設計

人們身邊的物件由不同的物料製成，由以前的石頭、青銅，到現在的塑膠及各種金屬，以至近年興起的納米材料，物料發展的步伐從未停下。想知道這些物料的起源及應用？那麼這展覽就不容錯過！

**展覽日期** 即日至 2023 年 10 月 18 日
**地點** 香港科學館特備展覽廳
**詳情請瀏覽香港科學館網頁**
https://hk.science.museum/tc/web/scm/exhibition/material2023.html

**梁淦章工程師**
香港天文學會

太空歷奇

日全食

日環食

全環食

上期介紹了最常見的 3 種日食：日偏食、日全食和日環食，今期就講解較為罕見的全環食。

⚠ 以肉眼觀測太陽十分危險！若在沒有合資格的天文導師指導和使用合規格的太陽濾鏡情況下觀測太陽，可引致眼睛受損，甚至失明！

## 全環食

在同一次日食中，若有些地方看到日全食，有些則看到日環食，那就是全環食了。這種日食十分罕有，通常相隔 10 年才出現 1 次。21 世紀發生的日食中，只有 3% 是全環食。

## 全環食時的太陽、月球及地球的關係

全環食時，太陽和月球的視直徑 * 十分接近，令地球表面的弧度足以決定所見的是日全食還是日環食。因弧度的關係，中午的月球距離地面較近，本影可投到地面，見的是日全食。早晨或黃昏的月球距地面較遠，偽本影投到地面，見的是日環食。

- - - - 日食中心路徑

在日出（早晨）的地區，月球的視直徑因地月距離較長而變小，不足以掩蓋整個太陽，見到的是日環食。

在日上中天的地區因地月距離較短，月球顯得比太陽大，足以蓋過太陽，所以見到的是日全食。

在日落（黃昏）的地區，情況跟日出地區一樣，見到的是日環食。

月球

偽本影

地球

本影

北極

偽本影

自轉方向

太陽

月球運行方向

*請參閱第 217 期和第 220 期的「天文教室」關於視直徑和日食過程的介紹。

# 2023 年 4 月 20 日
# 西澳洲 Exmouth 日全食實錄

一般而言，全環食的日食中心帶兩端會出現一小段的環食區，中間一大段的是全食區。

澳洲

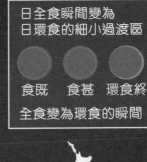

日全食瞬間變為日環食的細小過渡區

食既　食甚　環食終

全食變為環食的瞬間

| | 日全食帶 |
|---|---|
| | 日環食帶 |

環食變為全食的瞬間

環食始　食甚　生光

日環食瞬間變為日全食的細小過渡區

全環食的全食和環食階段的時間一般都較短，今次也不例外，最長的只有 1 分 14 秒。另外，日全食帶大多落在海洋，只經過少量陸地，當中包括澳洲西北角小範圍區域，這處的全食時間持續 1 分鐘。

Exmouth.

全食帶

| 初虧 | 10:04:31（上午） |
|---|---|
| 食既 | 11:29:48（上午） |
| 食甚 | 11:30:17（上午） |
| 生光 | 11:30:46（上午） |
| 復圓 | 1:02:34（下午） |
| 日食全程時間 | 2 小時 58 分 |
| 全食時間 | 58 秒 |

10:15

日全食過程間歇時間曝光，約每 4 分鐘曝光 1 次。

12:58

11:30　　　　全食階段：58 秒　　　　11:31

**食既前的「介子環」**
曝光時間 1/4000 秒

**日珥**
曝光時間 1/4000 秒

**日冕**
曝光時間 1/50 秒

**生光**
曝光時間 1/500 秒

鳴謝：嗇色園可觀天文館許浩強老師提供日食照片

# 為甚麼潛水艇到深海探索，有機會自行引爆？

香港中文大學
生物及化學系客席教授
曹宏威博士

林卓宏

今年 6 月「泰坦號內爆意外」是一則哄動全球的悲情新聞，我相信你多少是受了它的感染而發問的吧！這次意外跟水的重量有關。

「水的重量」是所有潛水艇（主要靠自身動力推動）及潛水器（自身並沒甚麼動力）的大敵。我們千萬別低估了水的重量——你們可有跟父母去超市買過家庭裝蒸餾水（或其他飲料）？如果有的話，應該也感受過小小一瓶 1.5 升的水是重甸甸的。當我們潛落海底，壓在上方的水就隨着深潛而吋吋增加，何止 1.5 升呢！

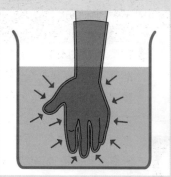

◀在問准你的父母後，在家中的洗手盆注水，然後戴上沒有穿孔的膠手套（也可用膠袋代替），把手伸進水中，便會感到膠手套或膠袋緊貼着手，這就是水壓所致！

◀改為放入一個已扭緊樽蓋的膠樽，膠樽外壁卻不如膠手套般內陷，這是因為膠樽外壁能抵禦盆中的水壓。

潛水艇內生活及運作的空間既須供氧，還要防壓。一般而言，它只供潛到幾百米左右的深度，其極限深度往往不超過 1000 米。因此，它所能承受的水壓有限，超過了就會令船身受壓而引致「內爆」。這跟我們一般認識的爆炸有些不同：爆炸是內壓大於外壓，使物質向外射出；內爆則是外壓大於內壓，致使物體向內壓縮塌陷。

當然，也有些特別用途的潛水器甚至可降落到海床探險，但這些深潛超過幾千米的深海潛水器都需要特別設計，並須經嚴格測試以確認其安全程度達標。即使這樣，由於潛水器每次下潛都會因龐大的水壓而有耗損，因此風險不低，使用者仍多不作接近極限的下潛，免生事故。

▲從這部「深海挑戰者號」的 1:1 仿製品可看出它和一般的潛水艇不同，著名導演金馬倫曾用這台潛水器到過約 11000 米深的海底。

為鼓勵讀者多思考多發問，編輯部將向被選中刊登問題的讀者寄出紀念品一份！

轉到有點暈……

那些不停空翻和轉彎的專業運動員是怪物嗎？

這也是身體記憶所致呢。

頭部旋轉時，耳朵半規管內的液體也隨之晃動，就像搖晃水杯一般。

半規管

晃動的液體會產生信號，並傳達到大腦，這樣人們就知道自己的頭部正在旋轉。

當頭部停止轉動，半規管液體卻因慣性而未靜止，信號令大腦產生頭部仍在旋轉的錯覺。

而運動員經長期訓練，身體已適應錯覺，讓大腦直接忽略暈眩感。

原來如此！

但同時眼睛和身體將已停止的信號傳給大腦，令兩者出現矛盾，於是出現暈眩的感覺。

嘩！

比賽當日

經過整個月訓練，一定能取勝！

雖未算了得，但練得真開心呢。

我有點緊張啊。

放鬆點吧。

嘩，太厲害了！

那是高難度連續跳躍！簡直是專業級！

嗖！

Mr.A可說是今次比賽的大熱門!

Mr.A?

只要有這新發明的肌肉記憶裝置,要贏冠軍易如反掌!

人們學習新技巧時,由大腦運動皮層負責傳送神經信號給肌肉的主要部分,並通過建立新的神經元網絡,使信號傳送得更快、更準確。

運動皮層主要分成3個區域,包括初級運動皮層、前運動區以及運動輔助區。

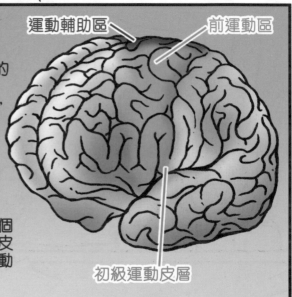

運動輔助區　　前運動區

初級運動皮層

至於學會的動作會儲存在小腦的柏金氏細胞中,形成長期記憶。這樣即使多年沒做,也不會輕易忘記。

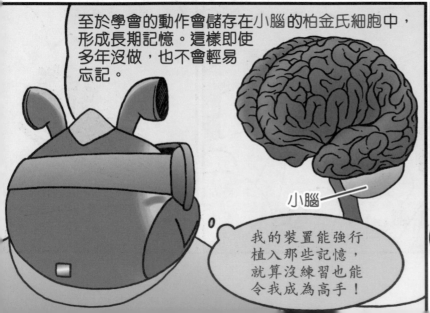

小腦

我的裝置能強行植入那些記憶,就算沒練習也能令我成為高手!

那東西有點古怪。

大偵探 **7合1** 求生法寶

哨子
溫度計
隱密收納空間
電筒
指南針
鏡子
放大鏡

或

大偵探福爾摩斯
數學偵輯系列①

訂閱**兒童的科學**請在方格內打 ☑ 選擇訂閱版本

**凡訂閱教材版 1 年 12 期，可選擇以下 1 份贈品：**
□大偵探 7 合 1 求生法寶　或　□大偵探福爾摩斯數學偵輯系列①

| 訂閱選擇 | 原價 | 訂閱價 | 取書方法 |
|---|---|---|---|
| □**普通版**（書半年 6 期） | ~~$336~~ | $216 | 郵遞送書 |
| □**普通版**（書 1 年 12 期） | ~~$576~~ | $410 | 郵遞送書 |
| □**教材版**（書＋教材 半年 6 期） | ~~$660~~ | $542 | ☒ OK便利店 或書報店取書<br>請參閱前頁的選擇表，填上取書店鋪代號→ |
| □**教材版**（書＋教材 半年 6 期） | ~~$840~~ | $670 | 順豐快遞 |
| □**教材版**（書＋教材 1 年 12 期） | ~~$1320~~ | $999 | ☒ OK便利店或書報店取書<br>請參閱前頁的選擇表，填上取書店鋪代號→ |
| □**教材版**（書＋教材 1 年 12 期） | ~~$1680~~ | $1259 | 順豐快遞 |

## 訂戶資料

月刊只接受最新一期訂閱，請於出版日期前 20 日寄出。例如，
想由 10 月號開始訂閱**兒童科學**，請於 9 月 10 日前寄出表格。

訂戶姓名：# _____ 性別：_____ 年齡：_____ 聯絡電話：# _____

電郵：# _____

送貨地址：# _____

您是否同意本公司使用您上述的個人資料，只限用作傳送本公司的書刊資料給您？（有關收集個人資料聲明，請參閱封底裏）　　#必須提供

請在選項上打 ☑。　同意□　不同意□　簽署：_____　日期：_____年_____月_____日

## 付款方法　請以 ☑ 選擇方法①、②、③、④或⑤

□①附上劃線支票 HK$ _____（支票抬頭請寫：Rightman Publishing Limited）

　　銀行名稱：_____ 支票號碼：_____

□②將現金 HK$ _____ 存入 Rightman Publishing Limited 之匯豐銀行戶口
　　（戶口號碼：168-114031-001）。
　　現把銀行存款收據連同訂閱表格一併寄回或電郵至 info@rightman.net。

□③用「轉數快」（FPS）電子支付系統，將款項 HK$ _____ 轉數至 Rightman
　　Publishing Limited 的手提電話號碼 63119350，並把轉數通知連同訂閱表格一併寄回、WhatsApp 至
　　63119350 或電郵至 info@rightman.net。

□④用香港匯豐銀行「PayMe」手機電子支付系統內選付款後，掃瞄右面 Paycode，
　　輸入所需金額，並在訊息欄上填寫①姓名及②聯絡電話，再按「付款」便完
　　成。付款成功後將交易資料的截圖連本訂閱表格一併寄回；或 WhatsApp
　　至 63119350；或電郵至 info@rightman.net。

□⑤用八達通手機 APP，掃瞄右面八達通 QR Code 後，輸入所需付款金額，並
　　在備註內填寫❶ 姓名及❷ 聯絡電話，再按「付款」便完成。付款成功後將交
　　易資料的截圖連本訂閱表格一併寄回；或 WhatsApp 至 63119350；或電郵至
　　info@rightman.net。

正文社出版有限公司
Scan me to PayMe

八達通 Octopus
八達通 App
QR Code 付款

如用郵寄，請寄回：「柴灣祥利街 9 號祥利工業大廈 2 樓 A 室」《匯識教育有限公司》訂閱部收

## 收貨日期　本公司收到貨款後，您將於以下日期收到貨品：

• 訂閱**兒童科學**：每月 1 日至 5 日
• 選擇「☒OK便利店 / 書報店取書」訂閱**兒童科學**的訂戶，會在訂閱手續完成後兩星期內收到
　換領券，憑券可於每月出版日期起計之 14 天內，到選定的 ☒OK便利店 / 書報店取書。
填妥上方的郵購表格，連同劃線支票、存款收據、轉數通知或「PayMe」交易資料的截圖，
寄回「柴灣祥利街 9 號祥利工業大廈 2 樓 A 室」匯識教育有限公司訂閱部收、WhatsApp 至
63119350 或電郵至 info@rightman.net。

訂閱雜誌

除了寄回表格，
也可網上訂閱！

# 兒童的科學 NO.221

請貼上
HK$2.2郵票
（只供香港
讀者使用）

香港柴灣祥利街9號
祥利工業大廈2樓A室
兒童的科學 編輯部收

有科學疑問或有意見、
想參加開心禮物屋，
請填妥問卷，寄給我們！

大家可用
電子問卷方式遞交

▼請沿虛線向內摺

---

請在空格內「✔」出你的選擇。

我購買的版本為： 01□實踐教材版 02□普通版

**\*給編輯部的話**

**\*開心禮物屋：** 我選擇的禮物編號 ☐

**\*我的科學疑難/我的天文問題：**

\*本刊有機會刊登上述內容以及填寫者的姓名。

有關今期內容

**Q1：今期主題：「再造紙知識大探索」**

03□非常喜歡　　04□喜歡　　05□一般　　06□不喜歡　　07□非常不喜歡

**Q2：今期教材：「造紙體驗套裝」**

08□非常喜歡　　09□喜歡　　10□一般　　11□不喜歡　　12□非常个喜歡

**Q3：你覺得今期「造紙體驗套裝」容易使用嗎？**

13□很容易　　14□容易　　15□一般　　16□困難

17□很困難（困難之處：＿＿＿＿＿＿＿）　　18□沒有教材

**Q4：你有做今期的勞作和實驗嗎？**

19□千變萬化組合畫　　20□實驗1：五彩斑斕的光影　　21□實驗2：影子「花朵」

請沿實線剪下

請沿實線剪下

問　卷

## 讀者檔案

#必須提供

| #姓名： | 男 女 | 年齡： | 班級： |
|---|---|---|---|

就讀學校：

#居住地址：

| | #聯絡電話： |
|---|---|

你是否同意，本公司將你上述個人資料，只限用作傳送《兒童的科學》及本公司其他書刊資料給你？（請刪去不適用者）

同意/不同意　簽署：_____　日期：_____年____月____日

（有關詳情請查看封底裏之「收集個人資料聲明」）

## 讀者意見

**A** 科學實踐專輯：紙神的懲罰

**B** 海豚哥哥自然教室：
七星瓢蟲Ladybug

**C** 科學DIY：千變萬化組合畫

**D** 科學實驗室：光影「拍檔」

**E** 大偵探福爾摩斯科學鬥智短篇：
爸爸不要我(2)

**F** 讀者天地

**G** 活動資訊站1：
第八屆英才盃STEAM教育挑戰賽 飛行大決戰！

**H** 誰改變了世界：電影先驅 盧米埃爾兄弟(下)

**I** 科學快訊：宇宙深處的「鏡子星球」

**J** 爬蟲地帶：鬆獅蜥

**K** 科技新知：抗癌能手幹細胞

**L** 數學偵緝室：錢包丟失記

**M** 活動資訊站2：
書展2023完滿落幕！

**N** 天文教室：日食知多少(3)

**O** 曹博士信箱：
為甚麼潛水艇到深海探索，
有機會自行引爆？

**P** 科學Q&A：身體的記憶

＊請以英文代號回答**Q5**至**Q7**

**Q5. 你最喜愛的專欄：**
第1位 22_____　　第2位 23_____　　第3位 24_____

**Q6. 你最不感興趣的專欄：** 25_____　原因：26_____

**Q7. 你最看不明白的專欄：** 27_____　不明白之處：28_____

**Q8. 你從何處購買今期《兒童的科學》？**
29□訂閱　　30□書店　　31□報攤　　32□便利店　　33□網上書店
34□其他：_____

**Q9. 你有瀏覽過我們網上書店的網頁www.rightman.net嗎？**
35□有　　36□沒有，原因：_____

**Q10. 你會否透過學校訂閱《兒童的科學》？**
37□會　　38□不會，原因：_____